BIG IDEAS

超级脑洞

从地球到宇宙的边界

〔英〕安妮 · 鲁尼　〔英〕威廉 · 波特 著
〔加〕卢克 · 赛甘－马吉 绘　唐子涵 译

云南出版集团　晨光出版社

图书在版编目（CIP）数据

从地球到宇宙的边界 /（英）安妮·鲁尼，（英）威廉·波特著；（加）卢克·赛甘－马吉绘；唐子涵译．—昆明：晨光出版社，2023.5

（超级脑洞）

ISBN 978-7-5715-1587-4

Ⅰ. ①从… Ⅱ. ①安… ②威… ③卢… ④唐… Ⅲ. ①宇宙－儿童读物 Ⅳ. ① P159-49

中国版本图书馆 CIP 数据核字（2022）第 110694 号

著作权合同登记号 图字：23-2022-025 号

CHAOJI NAODONG
CONG DIQIU DAO YUZHOU DE BIANJIE

BIG IDEAS
超级脑洞
从地球到宇宙的边界

［英］安妮·鲁尼 ［英］威廉·波特 著
［加］卢克·赛甘－马吉 绘 唐子涵 译

出 版 人 杨旭恒

项目策划 禹田文化
执行策划 孙淑婧 韩青宁
责任编辑 李 政
版权编辑 张静怡
项目编辑 石翔宇 张文燕
装帧设计 张 然

出　　版 云南出版集团 晨光出版社
地　　址 昆明市环城西路 609 号新闻出版大楼
邮　　编 650034
发行电话 （010）88356856 88356858
印　　刷 华睿林（天津）印刷有限公司
经　　销 各地新华书店
版　　次 2023 年 5 月第 1 版
印　　次 2023 年 5 月第 1 次印刷
开　　本 145mm × 210mm 32 开
印　　张 4
I S B N 978-7-5715-1587-4
字　　数 90 千
定　　价 25.00 元

退换声明：若有印刷质量问题，请及时和销售部门（010-88356856）联系退换。

目录

嘿，你准备好乘风远航了吗？

你是否曾梦想去别的星球旅行？是否曾好奇银河系最远的外太空是什么样子？那就做好准备吧——在地球之外，还有很多奇怪的、吓人的、危险的未知领域，等待你去探索。

宇宙中充满了令人大开眼界的各种奇观，惊心动魄的大爆炸、壮丽广袤的星系，运转的行星以及匪夷所思的科学理论，也许，还有未知的神秘生物等着和你打招呼呢！来吧，准备开启一场惊心动魄的旅程吧。

再见啦，
地球

人类发射到太空的第一颗人造卫星是什么？

第一颗被送入太空的人造卫星，是 1957 年 10 月 4 日苏联发射的“斯普特尼克一号”，也译为“伴侣号”人造卫星。那是一个闪亮的金属球形体，直径 58 厘米，圆球外面有 4 根长长的无线电天线，看上去就像一个带刺的大篮球。

“伴侣号”人造卫星做了什么？

“伴侣号”人造卫星以 28800 千米每小时的速度绕地球轨道飞行。1958 年 1 月 4 日，在返回地球的途中跌入大气层中烧毁。在此之前，它绕地球飞行约 1440 圈，每圈花费的时间约为 96.2 分钟。

你知道吗？

斯普特尼克一号的电池设计寿命为两周，但它的使用时间超出了预期，大概持续了 22 天。在这期间，有不少业余爱好者也捕捉到了人造卫星发出的“哔哔 ”声，这种现象一直持续到它的电池电量耗尽。

谁是第一个进入太空的人？

1961年4月12日，苏联宇航员尤里·加加林乘坐“东方1号”载人飞船进入太空，他是第一个进入太空的人类，在太空中只待了89分钟。

尤里·加加林进入太空，他的亲人会想些什么？

加加林没有告诉母亲自己将进入太空，因为这次任务需要绝对保密。他告诉了妻子一个比他实际返航晚一些的日期。为了以防万一，他还给妻子留了一封信，表示自己不确定能否平安归来，如果他发生了意外，请妻子不要悲伤，应该去选择新的生活。

谁是第一个进入太空的女人？

1963 年,苏联宇航员瓦莲京娜·捷列什科娃乘坐“东方 6 号”进行了为期 3 天的太空之旅，成为首位进入太空的女性。她的母亲在电视上看到来自太空的最新照片时才知道了这件事。在此之前，她只知道女儿参加过降落伞训练，可想而知，当她看到太空中的女儿时，该有多惊讶！

太空中播放的第一首歌是什么？

2012 年 8 月 28 日，美国太空总署发射的“好奇号”火星探测器在火星上播放了一首歌《Reach for the Stars》（触碰星辰），并传回地球。这首歌是美国黑眼豆豆合唱团的成员威廉姆·亚当斯的作品，也是第一首在太空中播放的歌曲。

你知道吗？

美国宇航员瓦尔特·施艾拉和托马斯·佩顿·斯塔福德是首次在太空中演奏乐器的人。1965 年，他们乘坐“双子星 6A 号”绕地球轨道飞行时，用口琴和铃铛演奏了欢快的《铃儿响叮当》。2022 年元宵晚会开场，中国航天员王亚平在太空中用古筝演奏了一曲《茉莉花》，将“此曲只应天上有”展现得淋漓尽致。

我们能听到其他行星上的声音吗？

2021 年，一个配备了麦克风的探测器登陆火星，将其登陆时的声音，以及在火星表面穿行时的声音传回了地球。我们可以听到它的轮子与火星上的石头摩擦时发出的“嘎吱”声。

有没有宇宙飞船飞离太阳系？

迄今为止，只有“旅行者1号”探测器和“旅行者2号”探测器是已经飞离太阳系的探测器。这两个“旅行者号”都是1977年发射的，“旅行者1号”现距离地球超过225亿千米，飞行速度为每秒钟约17千米。“旅行者1号”是目前飞得最远的人造飞行物。

“旅行者号”探测器能飞离我们的银河系吗？

从地球上看，“旅行者1号”正在朝着蛇夫座的方向前进，预计4万年后，将从距离格利泽445恒星1.6光年处飞过。但“旅行者号”可能永远也飞不出银河系，因为它们的速度还远不足以摆脱银河系的引力束缚，而且宇宙中还存在许多宇宙射线和粉尘，会不断侵蚀“旅行者号”。

两个“旅行者号”探测器以后会怎样？

“旅行者号”探测器会把数据传回地球，预计到2030年左右，它们的电力供应系统将因电力耗尽而停止工作。之后，“旅行者号”将会与我们彻底失去联系，孤独地飞向宇宙深处，除非在飞行中与其他物体发生碰撞被摧毁，否则永不停歇。

你能在太空中喝咖啡吗？

宇宙飞船内部处于失重状态，液体无法停留在它们原来的位置上。所以咖啡会从杯子或瓶子里“爬”出来，飘浮在空中，要想喝到它们可不是一件容易的事。

宇航员能在太空打嗝吗？

在失重情况下，宇航员消化系统中的气体和液体无法分离开来。因此，如果宇航员在太空打嗝的话，那么未消化的液态食物也会从他们嘴里喷出来。哎呀，想想就觉得——呕……

你可以在太空中吃盐吗？

宇航员只能吃液态的盐，因为失重状态下微小的固态盐颗粒可能会漂走，导致通风口堵塞、机器损坏，它们甚至可能会跑进宇航员的眼睛里！

陨石曾经撞击过地球吗？

有些陨石曾撞击过地球，并在地球上造成了上百个陨石坑。最大的一个陨石坑位于南非，它的直径超过380 千米，形成于大约 20 亿年前。

为什么去火星不能走直线？

当宇宙飞船前往火星时，它们会以曲线路径绕着太阳旋转前进，这是因为地球和火星不是相对静止的，它们分别以不同的速度绕太阳运行。飞船飞出地球后，影响飞船轨迹的主要是太阳引力。科学家需要根据地球和火星各自的运行位置和速度，计算出宇宙飞船脱离太阳引力的最佳位置。根据霍曼转移形成条件，每隔一段周期，地球和火星就会形成最佳位置，飞船趁着这段时间发射最好。

宇航员完成工作后为什么不能立刻离开？

宇航员在火星上完成自己的工作后并不能立刻离开，他们通常需要等上几个月，等到地球和火星再次处于合适的位置时才能离开。

哪个火星探测器走得最远？

探测器可以在其他行星和月球表面行走，但它们一般都走不远。最富有冒险精神的探测器，是火星上的“机遇号”探测器。2004 年 1 月至 2018 年 6 月期间，它已经从容不迫地行驶了 45 千米以上的路程。遗憾的是，2018 年火星上出现了席卷全球的巨大沙尘暴，“机遇号”由于能源问题彻底陷入沉睡。

我们是不是把太空变成垃圾场了？

许多旧的航天器或者火箭残骸被留在了太空中，成为了太空垃圾。如果航天器被发射后却未能成功进入预定轨道，它们并不会就此消失，而是会失去地面的控制，像高速公路上不受控制的车辆一样横冲直撞。太空垃圾飞行速度很快，破坏力极大，并且可以持续飞行好多年。

那些太空垃圾要在太空中待多久？

那些太空垃圾可能会在太空中运行数百万甚至数十亿年。

在太空中运转的物体中是不是有辆汽车？

是的。2018 年，美国商人埃隆 · 马斯克将一辆红色特斯拉跑车作为新型猎鹰重型火箭的试验载荷，送入太空。这辆车由一个穿着宇航服的假人“驾驶”。这辆跑车的目的地是火星轨道，如果途中不爆炸，它估计将在太空中运转 10 亿年之久。

太空垃圾会有危险吗？

太空垃圾确实是个大问题。就如同地球上有很多垃圾一样，太空中也有很多垃圾，如果这些垃圾撞上另一颗卫星或者宇宙飞船的话，可能会造成不可挽回的后果，这就是为什么所有的太空垃圾都会被追踪的原因。

这些太空垃圾都是什么？

大部分太空垃圾是已经报废的旧卫星碎片，发射卫星的火箭残骸，以及发射失败的航天器。其中，有约 2 万块太空垃圾的体积比一个垒球大，约 50 万块太空垃圾的体积比一个玻璃弹珠大，更小一些的则有数百万块。

我们可以收集到小行星的构成样本吗？

2016 年美国发射的“源光谱释义资源安全风化层辨认”探测器在 2018 年抵达贝努小行星后，花费两年时间绘制了这颗行星表面的地图。这个探测器会向行星表面吹出一股氮气，把表面的碎片吹动起来。它可以收集至少 60 克的样本，然后在 2023 年将这些物质带回地球。

我们可以在小行星上开采贵金属吗？

据说有一家位于美国加利福尼亚州的公司，以及一家比利时的公司计划在小行星上开采有价值的金属和矿物。他们是这么打算的：先设计一个可以捕捉小行星的航天器，然后把它们送到空间站（尚未建成）进行下一步的处理。

为什么美国航空航天局要致力于研发“冰鼹鼠”探测器？

美国航空航天局将派出“冰鼹鼠”探测器在土星的卫星土卫二的海洋中寻找生命。这个星球冰冻表面下的海洋，是地球以外最有可能发现生命的地方之一。

“冰鼹鼠”探测器在寻找什么呢？

“冰鼹鼠”探测器并非在寻找大型海底生物——它更倾向于寻找微小的微生物。但是，谁知道土星的海洋里会有什么呢？

“冰鼹鼠”探测器会做什么？

“冰鼹鼠”探测器可以熔穿部分冰层，并采集样本。实际上，它已经被用来在南极洲的冰层上钻孔凿洞了。

你会自愿去火星吗？

据说，当“火星一号”基金会招募志愿者进行火星的单程旅行时，有好几万人提出了申请。

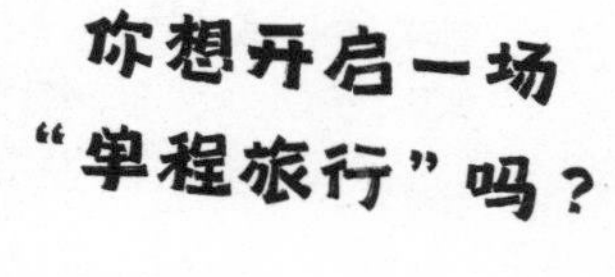

到目前为止，火星之旅最难攻克的部分是返航问题。所以，如果你选择待在火星不回来，就可以避免这个问题了。

如果你一个人待在火星上会不会感到寂寞？

其实，就算你一个人留在火星上，也不会独处太久。地球和火星虽然在各自的运行轨道上运行，但每隔 26 个月，它们就会运行到一个适当的位置和距离，恰好适合让宇宙飞船起飞，那样就可以把更多人送到火星了。

人类可以移民去火星吗？

有国外新闻报道，有一个组织计划在火星上建立人类居住地，然后将一些人分批送到那里永久居住。但一位太空科学家则提出，以目前的航空技术，每次只能送一个或者两个人去。

在太空中，你的身体会经历什么？

进入太空对你来说并不是什么好事。在失重状态下，因为人的心脏无须克服重力，因此向全身泵血的工作量会减少，心脏便会逐渐缩小；骨头也不需要像地球上那样努力工作，也会逐渐衰弱。所以，宇航员需要保证每天至少 2 个小时的运动，才能保证肌肉不会萎缩。

在太空中你还会继续长高吗？

是的。因为不受地心引力的拖累，人们在太空中还会长高。美国航空航天局曾对同卵双胞胎斯科特 · 凯利和马克 · 凯利进行过这样的研究：让斯科特在国际空间站待一年，而马克则留在地球上，然后对他们的健康状况进行对比。一年过后，待在太空中的斯科特 · 凯利长高了 5 厘米。但这种现象在返回地球后逐渐消失，他又恢复了原来的身高。

你知道吗？

如果你在太空中哭泣，眼泪是不会落下来的，它们会飘浮在空中，聚集在一起并形成一个大水球，最后漂走。此外，你的视力可能会下降，戴眼镜的宇航员在太空待了几个月后，可能需要更换度数更高的眼镜。

有太空蜘蛛吗？

2011 年，美国航空航天局将两只蜘蛛送到国际空间站待了 45 天，它们的名字分别叫格拉迪斯和埃斯梅拉达，这趟太空之旅让它们俩一举成名。

蜘蛛能在太空结网吗？

将蜘蛛送入空间站仅仅是一项实验的其中一部分，旨在提高地球上学生学习科学的兴趣。据统计，超过 13 万名学生报名参加了关于“格拉迪斯和埃斯梅拉达在微重力下结网能力”的跟踪研究，最后的事实证明，它们的确会在太空结网。

你知道吗？

为了观察这两只蜘蛛是否能在微重力状态下结网，宇航员们还为它们准备了美味的果蝇。却没想到，正是这些果蝇给他们的观察计划带来了不少阻挠。为了方便蜘蛛捕食，宇航员把所有的果蝇都放到蜘蛛生活的空间，结果，在失重状态下，果蝇的污渍很快就覆盖住了蜘蛛居住空间的外层玻璃，让人们无法看到这两只蜘蛛在玻璃罩子里面究竟发生了什么。

时间在太空中的速度跟在地球上不同吗？

是的。待在太空中的宇航员比待在地球上的人衰老得更慢，但差别非常细微。国际空间站上的时间也比地球上的时间慢。不过，待在国际空间站上的宇航员一年也仅仅比地球上的人多拥有 0.01 秒而已。

“阿波罗10号”的速度有多快？

“阿波罗 10 号”载人飞船在太空中的飞行速度十分快。1969 年，“阿波罗 10 号”在绕月返回的途中，速度达到了 39897 千米每小时。“阿波罗 10 号”是人类航天史上第一个完成从太空发回彩色现场录像任务的飞船。

哪艘宇宙飞船在太空中飞行得最快？

2014 年，“朱诺号”无人驾驶宇宙飞船被木星引力拉向木星时，飞行速度达到了 265000 千米每小时。不过，2018 年前往太阳的“帕克号”太阳探测器目前的最高速度达 692000 千米每小时。

从地球出发的航天器会伤害外星生命吗？

航天器从地球进入太空时可能会携带一些微生物。这些也许会对那些可能存在生命的行星或卫星造成污染，从而导致伤害或改变其进化的过程，如果外太空真的有生命存在的话。

我们怎样才能使航天器避免携带微生物？

根据一项国际协议，所有航天器都必须进行彻底清洗、严格灭菌，以消灭任何可能存在的微生物。具体的合格标准是：任何航天器上携带的微生物不得超过 30 万个。

你知道吗？

被派去探索木星及其卫星的"朱诺号"宇宙飞船，在任务结束后被设计"离轨"，坠入木星厚厚的大气层中，这样它就不会撞上任何一个可能存在某种生命的木星卫星了。

地球上有供外星人降落的地方吗？

据说，美国怀俄明州的一个城镇有一个太空港，专门用来供来自木星的外星人使用。从 1994 年开始，在之后的大约 20 年时间里，绿河镇是唯一一个为迎接来自木星的访客而设立的太空港。

为什么只为木星访客设立太空舱？

1994 年，美国航空航天局报告说木星有被彗星碎块撞击的危险。绿河镇的居民很担心木星上的生命（如果有的话），因此决定迎接它们。

外星人会在绿河镇的太空港发现什么？

绿河镇的太空港是全球唯一的“官方星际空间”，不过它只有一个风向袋和一个欢迎的标志。

都有哪些动物进入过太空？

截至目前，已经有不少动物进入过太空啦，比如，蜘蛛、鸡胚（还在蛋中的）、蝾螈、水母、蜜蜂，甚至墨西哥跳豆（豆子里有虫子）等。1947 年，一群小果蝇被送入太空，最后它们安全返回了地球。在 1950 年，一只老鼠进入太空时活了下来，但在返回地球时因为火箭解体，不幸丧生。

小狗有没有进入过太空？

有的，小狗可以说是进入过太空的最有名的动物之一啦。1957 年，一只来自俄罗斯名叫莱卡的流浪狗被送入太空，但它在飞行中不幸丧生。此外，1966 年，俄罗斯有两只名叫老兵和小煤球的狗，在“宇宙 110 号”飞船上待了 22 天，创下了动物在太空停留时间最长纪录。

猴子去过太空吗？

1949 年，阿尔伯特二世成为第一只到达太空的猴子，但它在返回地球的过程中因降落伞失控不幸死去。1959 年，两只分别名叫阿伯尔和贝克的猴子在经历 16 分钟的太空飞行后活了下来，并安全返回地球。

水母能适应太空生活吗？

20 世纪 90 年代，美国宇航局精选 2487 只水母保存在海水中，使之乘坐“哥伦比亚”号航天飞机进入太空，这些水母在太空中不断繁衍，很快数量就达到了 6 万多只。人类送水母进入太空，就是为了观察它们如何利用重力——结果发现，它们根本无法应对无重力状态。

这些水母到底怎么了？

水母身上有一个特殊的器官来帮助它们判断往上的方向。微小的晶体在一个布满绒毛的袋子里滚来滚去，然后绒毛通过受到干扰的方式告诉水母哪个方向是向上的，哪个方向是向下的。在仅拥有微重力的太空中，几乎没有上下方向之分，因此水母也就无法“读懂”绒毛发出的运动指令。

水母返回地球后发生了什么？

那些在太空中降生的水母返回地球后，因为重力改变，导致它们的神经细胞紊乱，所以会一直处于晕晕乎乎的状态。

第一个从其他星球将数据传回地球的航天器是哪个？

1970 年，苏联“金星 7 号”探测器抵达金星，但没有实现软着陆。它的降落伞在穿过金星酸性大气层的过程中被撕裂，不久后撞入金星表面。在下降的过程中它曾发回了一些科学数据，但紧接着它就因受到了撞击而翻滚，这是航天器第一次将数据从另一个星球传回地球。

“金星7号”被摧毁了吗？

“金星 7 号”被撞击后，人们曾以为它被撞毁了。但一周后，科学家们在检查录音带时发现，它被撞击后仍继续发出过微弱的信号，时间长达 23 分钟，这使得它在历史上留下了名字。

机器人能帮助我们探索其他星球吗？

美国航空航天局的“女武神”机器人将帮助我们在火星上建造人类营地。“女武神”是一种仿人机器人，身高1.83米，体重136千克。它身上有大量传感器，不仅能走路，能看物体，能使用手，还能忍受恶劣的工作环境。

“女武神”机器人会做什么？

它将与火星上的宇航员一起工作，建造居所、开采资源，并协助解决在火星上可能出现的任何问题。

第一个进入太空的仿人机器人是什么？

第一个进入太空的仿人机器人是“Robonaut 2”简称R2，也叫人形机器人助手，从2011年开始被投入国际空间站上使用。

“和平号”空间站工作了多少年？

“和平号”空间站建立于 1986 年，是人类首个可以长期居住的空间研究中心。“和平号”原本设计的寿命是 5 年，但它却持续工作了 15 年，一直到 2001 年。也就是说，在建造它的国家苏联于 1911 年解体后，“和平号”仍继续服务了 10 年。

“和平号”空间站做了什么？

“和平号”空间站绕地球转了 86000 圈，然后受控坠入预定的坠落轨道，进入大气层燃烧焚毁，期间它飞越了加拿大、澳大利亚和南美洲的一些国家。

美国有独立的空间站吗？

美国只有一个独立的空间站，名叫“天空实验室号”，它也被称为“轨道工场”。“天空实验室号”从 1973 年到 1979 年共服务了 6 年,但其中只有 171 天有工作人员。当“天空实验室号”解体坠落后，一家美国报纸设立悬赏，称找到一块碎片便可得到 1 万美元的奖金。后来，坠落的“天空实验室号”碎片击中了一名澳大利亚人的房子，于是，他得到了这笔“天降”奖金。

谁在太空中连续停留的时间最长？

俄罗斯宇航员瓦莱里·波利亚科夫是在太空停留时间最长纪录的保持者。1994 年到 1995 年期间，这位宇航员在“和平号”空间站内度过了 438 天的时间，也就是一年零两个多月。

创下最长太空行走时间记录的是谁？

俄罗斯的阿纳托利·索洛维耶夫在宇宙飞船外度过的时间最长。他共进行了 16 次太空行走，总计时长超过 82 小时 22 分钟。

谁在太空中停留时间最久？

在太空总计度过最多时间的人是俄罗斯宇航员根纳季·帕达尔卡，他在前往国际空间站和“和平号”空间站的 5 次飞行任务中，总共在太空度过了 879 天。

熟悉又陌生
的地球

地球上有像月球上那样的陨石坑吗？

水星、火星和金星上都有巨大的陨石坑，月球上也是如此。地球上虽然也有陨石坑，但相比这些星球，地球上的陨石坑可少多了。

为什么我们在地球上看不到大量的陨石坑？

这并不是因为地球没有受到其他物体的撞击，而是因为地球是太阳系中最大的岩质行星，它的表面会“愈合”。风、雨、流冰、洪水、河流和海洋都会逐渐磨平地球的表面，所以就算出现陨石坑，也可能会被逐渐磨平。不过，依旧有一些陨石坑被保留了下来。

地球上最大的陨石坑和陨石分别位于哪里？

大约 21 亿年前，一块巨大的太空岩石首次撞击地球，形成了南非的弗里德堡陨石坑，它可能是世界上最古老、最大的陨石坑。而世界上最大的陨石则是位于非洲纳米比亚霍巴农场的霍巴陨石，重约 60 吨。

是什么引起了北极光？

太阳是一个炙热的大火球，不仅温度非常高，还会喷发出大量高速带电粒子流。这些粒子流来到地球附近，受到地球磁场的牵引，一部分来到南北两极，与高层大气中的大气粒子发生碰撞，就产生了绚丽的极光。

你在太空中能看到北极光吗？

是的，不过需要一定的条件。极光只出现在北极和南极附近，是地球磁场将粒子拉向地球两极造成的。这些景象会同时出现在两极，它们通常是彼此的镜像。而且，从太空也可以看到它们！

你知道吗？

南极的夏季始于每年 11 月，结束于次年 3 月，这时极昼开始出现，极昼时太阳几乎全天挂在天空。每年 4 月至 10 月则为漫长的冬季，极夜开始出现，极夜与极昼相反，太阳始终不会升到地平线上。而每年的 11 月至次年 4 月为北极的冬天，每年 6 月至 8 月则为北极的夏天。

太空中的岩石会撞击地球吗？

其实，一直有太空中的岩石在撞击地球。不过，当这些岩石从大气层中呼啸而过时，大多数在坠落前便燃烧殆尽了，侥幸留存下来的部分就是我们常说的“陨石”。

陨石就是流星吗？

如果陨石足够大，并且在穿越地球大气层时燃烧产生光迹，我们也会把它们叫作“流星”。

你知道吗？

也许，你家的屋顶上就有坠落的微陨石。因为微陨石的体积足够小，这使得它们的降落概率变得十分“亲民”，无论是高山之巅、寂静雪原，还是繁华都市，都可能存在它们的踪影。

陨石是什么？

到达地球表面的太空岩石碎片被称为“陨石”。它们并不全是大块的岩石或金属。大多数陨石都是微陨石，非常小，你需要用放大镜或显微镜才能看到它们。

如果一块实实在在的大型岩石从太空撞上地球怎么办？

太空岩石是十分危险的。大约在 6500 万年前，一颗小行星撞击地球，改变了地球的环境，致使许多动植物灭绝，很多科学家猜测，曾在地球上称霸的大多数恐龙就是因此灭绝的。

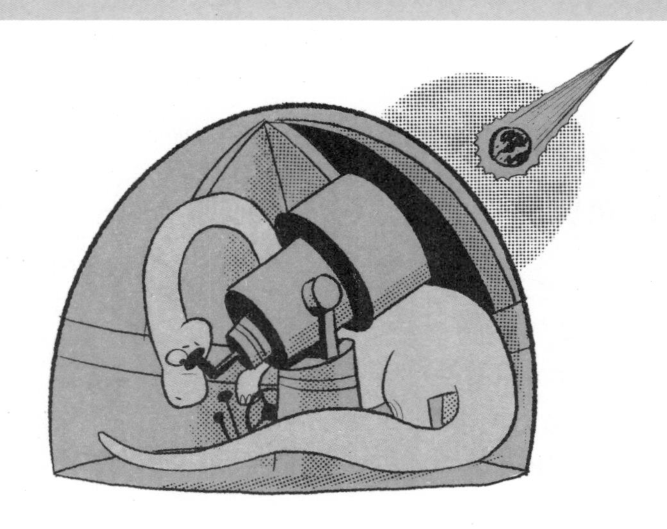

导致恐龙灭绝的小行星有多大？

1978 年，科学家在墨西哥湾发现了这颗巨大的太空岩石所形成的陨石坑。据推断，这颗小行星的直径约 15 千米。

你知道吗？

有一种化学元素在地球上很稀有，但在其他小行星上却很常见，我们称之为“铱”。地球上的铱基本全在地核处，地壳上的铱含量只占非常小的一部分。

地球日一直是24小时吗？

不是。在恐龙时代，一天的时间比现在短了约半个小时。而在地球刚刚形成的那一时期，月球尚未诞生，它自转的速度约为现在的4倍，一天只有6个小时左右，甚至更短。

为什么地球日的时间变长了？

当月球形成之后，它对地球的拖拽力减缓了地球的自转速度，因此地球上一天的时间逐渐变长了。

地球日的时间还在继续变长吗？

对。地球的转动速度仍然在减速。据科学家估算，100年后的一天将比现在的一天多出0.02秒，5万年后的一天将比现在的一天多出整整1秒。这意味着听起来不算多，但如果经过数百万年的累积，那就真的不算少了呢！

为什么说地球像洋葱？

因为地球的结构和洋葱十分相似。地球也是分层的。我们生活在地壳层——这一层的主要成分是构成陆地和海床的岩石和水。地壳层只占地球体积的 1/100。它的厚度是这样的：陆地上的厚度约 33 千米，海平面下部分的厚度只有几千米。

地壳下面是什么？

在地壳下面，是地幔，分为上地幔和下地幔。上地幔上部存在一个软流层，一般认为这里可能是岩浆的主要发源地之一。地球的最中心，即为地核，分为外地核和内地核，外核为液态，内核主要由铁和镍等金属组成，由于压力和密度都很大，所以为固态。

什么是板块？

地壳被分成很多块，这些大块岩石被称为“板块”。地幔内的能量导致地壳版块不断移动，于是，大陆和洋底也就随之四处移动。而在板块边缘交汇的地方，火山和地震可不是啥稀罕事。

地球是圆的吗？

不完全是。地球有着宽大的中部——它更像是一个从顶部向底部略微压瘪的球，因此中部比它原本应该的大小要宽大一些，而极点位置则略扁平一些。

地球是什么形状呢？

这种形状被称为“扁球体”，地球上相对比较圆宽的部分被称为“赤道隆起”。当地球绕地轴自转时，作用在它身上的力会将更多的物质推向赤道。

地球的“隆起”有多大？

如果我们分别测量地球两极和赤道周围的长度，会发现赤道的直径比两极的直径多 42.7 千米。

除了月球，地球还有其他天然卫星吗？

地球还有一个微型“准卫星”——但实际上它只能算作小行星。它被称为“2016 HO3”，对于一个宇宙天体来说，这可不是一个太令人激动的名字。“2016 HO3”与地球共用一个围绕太阳运行的轨道，而且看上去它似乎也一直围绕着地球转动。

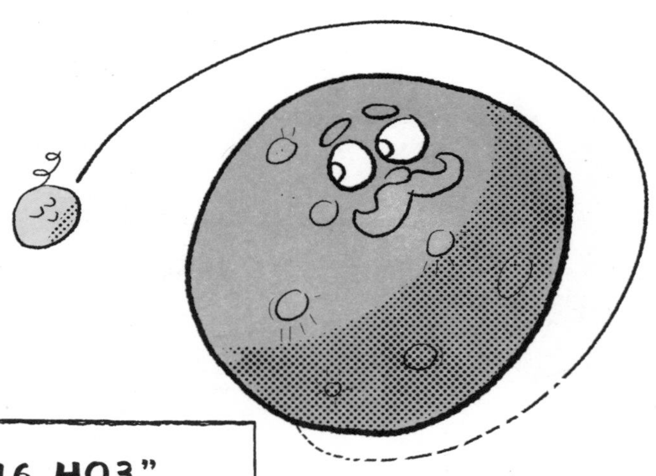

“2016 HO3”在哪里？

地球的这颗微型“准卫星”与地球的距离大约为月球与地球距离的 38 倍，直径只有 40~110 米。它被称为“准卫星”，是因为它距离地球太远或是恒定性不足，所以不能算作像月球那样真正的卫星。

“2016 HO3”存在多久了？

“2016 HO3”在地球附近已经晃荡了大约 100 年了，在它漂移到别处之前，它可能还将与我们一起待上几个世纪。

地球转得有多快？

此时，你正随着地球以飞快的速度移动。地球一直在绕着地轴自转，如果你站在赤道的位置静止不动，也就意味着你也正在以每小时 1670 千米的速度移动。你当然不会注意到自己在移动，因为你和你周围的一切都在随着地球移动，你们相对地球是静止的。

地球绕太阳转得有多快？

地球正在以每小时约 10.8 万千米的速度围绕太阳运转。它每 365.25 天就会绕太阳转完一圈，这就产生了我们所说的“一年”。我们按季度来划分一年的天数，每四年一次的闰年会比非闰年多出一天。

太阳系移动得有多快？

整个太阳系围绕着银河系的中心运行，但转完那么大一圈的话，需要花 2.26 亿年。上次太阳系转到现在在银河系中所处的位置时，是恐龙才刚刚出现的时候！

地球上的生命是如何出现的？

在众多有关生命起源的观点中，一些科学家认为，地球上的生命可能源自太空。但他们说的这些生命可不是大块头的狮子、鲸，或是之前在地球上生活过的恐龙，而是微小的微生物。这些微生物可能被彗星或小行星携带而来，也可能只是漂浮在太空中。

地外生命存在的条件是什么？

地外生命存在的前提是它所处的环境必须具备和地球相似的条件。首先，这颗行星的大小必须适中，并且距离太阳既不能太远也不能太近；其次，行星的表面温度既不能太高也不能太低，水必须以液体形式存在；最后，这颗行星还需要一个大气层来帮助它阻挡危险的宇宙射线。

哪种地球生物可以脱离宇航服在太空中生存？

水熊虫是一种体形微小但很强悍的缓步动物，身体长度在 50 微米到 1.4 毫米之间。它们可以暴露在外太空的严酷环境中存活，那里异常寒冷，不仅会受到辐射的侵袭，还没有氧气。

为什么地球有季节之分？

地球的公转产生四季变化。地球不停地绕着自转轴自西向东运转，与此同时又绕太阳公转，地轴与公转轨道始终会保持一定的角度，即地球始终是斜着身子绕太阳公转。由于地轴是倾斜的，所以太阳直射点在南北半球之间来回移动，地球像这样以一年为周期绕太阳不停运转，便产生了四季的更替。

季节如何影响植物生长？

一年四季中，夏季的日照时间最长，而伴随着日照时间的延长，阳光和热量开始增多，所以，植物在夏季的长势是最好的。

什么是至点和分点？

一年中白天时间最短（冬至）或最长（夏至）的那天就是至点。而分点处于两个至点的中间；在分点的那天（春分和秋分），白天和黑夜的时长是一样的。

为什么天空是蓝色的？

太阳发出的光看起来是白色的，但这种光其实是由赤、橙、黄、绿、青、蓝、紫七种光组成的。当太阳光穿过地球的大气层时，其中蓝光的散射能力远远高于其他光，因此天空看起来就会呈现蓝色。

为什么日落时天空会出现彩霞？

日落时分，太阳光斜射入大气层，穿过的大气层相对变厚。由于大气中空气分子、水汽、尘埃对光的散射和吸收，且不同颜色光衰减情况各不相同，因此，当太阳光穿过大气层后，会呈现不同的颜色，而大气中的成分和状态都在不断变化，从而形成变化万千的美丽彩霞。

为什么南北两极比地球其他区域更冷？

太阳发出的光线可以给地球带来光和热，太阳辐射由赤道向两极递减。对于赤道地区，一年到头阳光都是直射或者接近直射，太阳高度角大，获得的能量多。但是对于两极地区，太阳高度角小，获得的太阳能量少，且两极地区的冰雪也会反射一部分阳光，使得南北两极比其他区域温度更低。

地球内部能有多热？

地球的内部是个高温世界。随着深度的不断增加，温度也在不断提升，到了地核处温度可以达到 6000℃。这些热量来自哪里呢？它们来自放射性元素的衰变，以及 46 亿年前地球形成时产生的剩余热量。

为什么地核温度那么高，地表温度却不烫？

因为地核温度传输到地表的速度太慢，需要漫长的时间；此外，地表表面积太大，散热速度远远快于地核向地表的传温速度，地表能维持现在的温度主要取决于太阳光。

为什么地球在晚上不会结冰？

这要感谢地球的大气层。它就像一把撑开的“保护伞”，既能在白天阻挡过多的太阳辐射，避免温度过高；也能在夜间防止热量的大量流失，避免温度过低，从而使地球保持适当的昼夜温差，始终处于一个适宜生物生存的温度。

地球表面曾被冰雪覆盖吗？

是的，也许还不止一次哦！极端的气候变化在地球的历史上发生过好几次。大约六七亿年前，地球表面被冰雪覆盖，平均温度只有 -50℃。在这种极端寒冷的生存环境下，早期的生命形式大多蛰伏在海洋深处。

地球是怎么变暖的？

地球的表面一旦被冰雪覆盖，变成白茫茫的一片，它就会把太阳的热量反射回去，没有充足的热量，地球就无法变得温暖。原本地球将一直保持这种冰冷的状态，但喷发的火山拯救了它。火山喷发产生了大量的二氧化碳，从而使地球再次慢慢变暖。

你知道吗？

火山爆发时，炽热的熔岩会从地表的缝隙中喷出。当熔岩在火山内部时，它被称为“岩浆”，而一旦它流出地表，它就被称为“熔岩”。

外星人如何判断地球上是否有生命？

如果外星人与地球的距离足够近的话，他们可能会注意到泄漏到太空的无线电波。那些围绕地球和太阳运行的人造卫星和太空垃圾也是一个重要线索。如果离地球再近点，外星人还可以看到地球上的灯光，或者他们还能发现飘散在大气层中的化学物质，这些都是生命存在的证据。

如果外星人访问火星或月球会发生什么？

如果外星人登陆月球或火星，并在那里进行相关研究，他们可能会发现人类遗留在那里的航天器。

外星人在距离地球几百光年之外会看到什么？

如果外星人距离地球超过 100 光年，那么他们根本无法感知到我们的无线电信号。不过，他们可能会看到很久很久以前的地球，并看到当时活跃在地球上的生命。

地球是一块大磁铁吗？

地球的中心为地核，地核又分为内核和外核，沸腾的外核包裹着固态的内核，这些液态金属的运动在地球周围创造了一个强大的磁场，其中一个磁极靠近地理位置上的北极，另一个磁极靠近地理位置上的南极。磁场向外延伸至太空，并对太阳风（来自太阳的粒子流）造成影响。

地球的南北磁极永远也不会变化吗？

地球是个巨大的磁场，磁性最强的部分叫作磁极，分别为南磁极和北磁极，磁场会随着时间的推移而发生变化。

地球磁极下一次变换位置，会发生在什么时候？

地球磁极上一次变换位置发生在 78 万年前，许多科学家认为地球目前正在为下一次变换位置做准备。但这需要很长时间才能发生——有可能需要 1000 年！

近代历史上有没有发生过巨型陨石撞向地球的事件？

1908 年 6 月 30 日，俄罗斯上空一次被称为“通古斯卡事件”的大爆炸，可能就是由一颗巨型陨石引起的。这次大爆炸夷平了 2000 平方千米的森林，大约有 8000 万棵树被毁。幸运的是，这片区域里没有人居住。

像这样的小天体多久撞击一次地球？

这种大小的天体可能每 100~200 年就会撞击一次地球。

抵达俄罗斯的这颗陨石引起火灾了吗？

据科学家推测，它形成了一个直径 50~100 米的火球。科学家们认为，这是由于陨石穿过地球大气层时发生剧烈摩擦，使其充分燃烧导致的。

哪颗行星离地球最近？

金星是距离地球最近的行星，也是太阳系中人类最常造访的行星之一。金星和地球体积相近，表面都是相似的岩石。目前，已有至少40个空间探测器接近过金星。

火星上有火山吗？

火星是一颗拥有橘红色外衣的迷人星球。火星最主要的标志，就是巨大的火山和峡谷。火星上最大的火山，也是太阳系中最大的火山——奥林匹斯山，它的高度约是珠穆朗玛峰的3倍。

美洲和欧洲正在拉开距离吗？

是的！大西洋正在以每年约 2.5 厘米的速度变宽，因为一个新的海床正在从大洋中部升起。地球表面的一条裂缝正好从冰岛的中部穿过，因此冰岛将慢慢地一分为二。

那大西洋的对面呢？

不妨把地球想象成一个地球仪，在大西洋的对面，太平洋正变得越来越窄。在将来的某一天，美洲和亚洲将会被推到一起，太平洋将闭合，不过这需要上亿年的时间。

印度曾经是一个岛屿吗？

大约 2 亿年前，地球上的大部分陆地都聚在一起，形成了一个叫“泛大陆”的超级大陆。印度曾是一个慢慢向北漂移的岛屿。印度洋板块与亚欧板块的碰撞形成了地球上最高的山脉——喜马拉雅山脉。

太空中也有“天气”吗？

太空中的“天气”并非我们通常理解的阴晴雨雪，大多数的太空天气源于太阳，它是由来自太阳的不同种类的能量和粒子爆发所产生的。所以，你不必担心太空的“雨”会落到地球上。

“太空天气”会影响地球天气吗？

地球上的天气与太阳息息相关，所以如果太阳上发生了一些奇怪的事情，那么在地球上发生一些奇怪的事情也就不足为奇了。

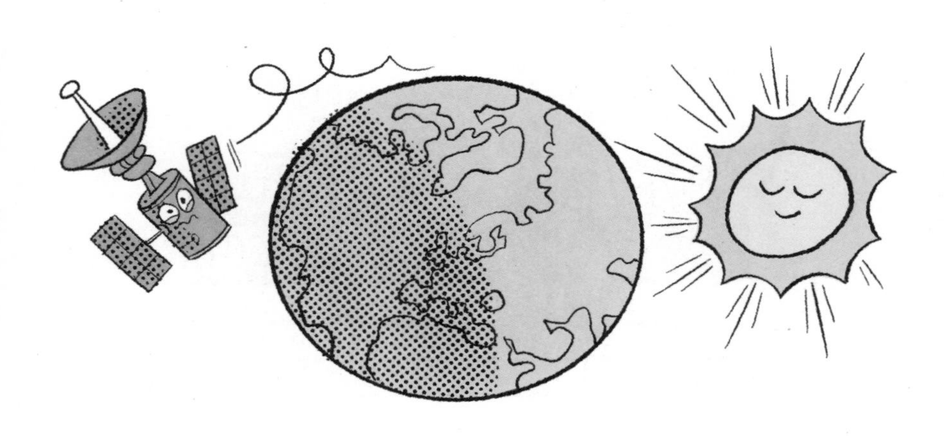

“太空天气”是怎么影响地球的？

“太空天气”会影响全球定位系统和通信卫星，导致它们无法正常工作。它还能破坏电网，使你家和学校的电力传输出现故障。此外，它甚至会产生拉力，使卫星稍微偏离轨道。

火星离地球越来越近了吗？

2003 年，火星距离地球 5600 万千米——这是 6 万年来它距离地球最近的一次。而到了 2287 年，它将离地球更近一点，到了 2729 年，还会再近一点。

火星会撞上地球吗？

不会。因为在太阳系中，这些行星都围绕着太阳不停地运转，它们的轨道在几千年甚至几百万年时间里的变化都很小。

火星有自己的卫星吗？

和太阳系中的大多数行星一样，火星并不是独自围绕太阳运转的，它有两颗天然卫星，较大的一颗是火卫一，另一颗是火卫二。

地球的大气层有多厚？

地球被厚度超过 100 千米的大气包围着。大气层使地球免遭陨石、太阳风和太阳有害射线的伤害。虽然 100 千米的厚度听上去很厚，但相对地球的体积来说，这个厚度其实是非常薄的。假如地球只有桌面上的地球仪那么大，那大气层的厚度就跟胶带差不多。

地球的大气层一直都像现在这样吗？

我们现在呼吸的气体来自地球大气层的第三次变化。第一代大气主要由氢、氦以及氢的化合物组成。之后，由于火山喷发将熔岩中的气体和微小颗粒喷射到大气中，构成第二代大气，主要成分变成了氮、二氧化碳和水等；随着水中原始生命的逐渐蓬勃发展，通过光合作用释放的氧气含量逐渐增加，再次改变了大气的组成结构，从而形成了现代的大气。

太阳系其他行星上存在生命吗？

地球是太阳系中唯一有生命存在的行星。除了微小的微生物，太阳系中的其他行星或卫星上都尚未发现有生命存在。

地球上有多少物种？

地球上物种丰富，直到今天为止，生物学家仍没有一个确切的地球物种数目，但据科学家估计，在地球生活过的大约 99% 的物种已经灭绝了。

地球上最早的生命出现在什么时候？

大约 46 亿年前，地球诞生并逐渐冷却，5 亿年后，原始海洋开始形成。到了 35 亿年前，原始海洋中出现了细胞，在接下来的 30 亿年间，海藻最先出现，接着是水母和海葵等软体动物，最后甲壳动物和鱼类也相继登场。

月球的糗事

月球是怎么形成的？

地质学家根据宇航员从月球带回的岩石样本推测：月球可能是在 45 亿年前，也就是地球刚刚形成后 1 亿年左右形成的。当时有什么东西撞上了地球，撞击产生的物质进入太空，在地球引力的作用下围绕地球运行，并慢慢“黏合”在一起，形成了月球。

是什么东西撞上了地球？

现在较为广泛的说法是，可能是一颗小行星撞上了地球，撞击地球产生的大量碎片物质散落到宇宙中，在地球引力的作用下，逐渐形成了月球。这颗在 45 亿年前与地球相撞的小行星被人们称为“提亚”。

月球是由什么构成的？

据地质学家分析，构成地球和月球的物质几乎完全相同，所以要么月球曾经是地球的一部分，要么地球和月球都是由相同的物质形成的。

月球是太阳系中最大的卫星吗？

在太阳系卫星中，月球排在第五名。太阳系最大的卫星是木卫三，直径约为地球的 41%，比太阳系最小的行星水星都大。太阳系中体积排在月球前面的卫星还有：土星最大的卫星土卫六、木星的第二大卫星木卫四、木星的第三大卫星木卫一。

地球的卫星比地球重吗？

通常气态行星和冰冻行星会拥有大量的卫星，但卫星的总重量加起来也不会超过这类行星重量的 0.1%。地球属于岩质行星，其卫星月球自身重量约为地球重量的 1.2%。只有矮行星冥王星有一个相较于它本身大小而言较重的卫星，它的卫星重量接近它重量的 12%。

你知道吗？

过去，人们曾经认为月球是个光滑的天体，自身还会发光。当然这些都是人们对月球的误解，随着天文望远镜的发展，尤其是人类实现登月之后，我们对月球的了解也越来越多了。

月球表面看起来像什么？

月球表面布满了因为与太空岩石碰撞而形成的陨石坑。大多数陨石坑形成于 30 亿到 40 亿年前，而且碰撞一直在持续发生。2013 年，一块重约 400 千克的太空岩石飞向月球，造成了一个直径约 40 米的陨石坑。当时天文学家借助望远镜从地球上就可以看到当时撞击所产生的光。

月球上的陨石坑有名字吗？

月球上最大的陨石坑是南极—艾特肯盆地。陨石坑的英文“crater”，由意大利科学家伽利略在 1609 年第一次使用，这个单词是他从希腊语中提取出来的，意思是“用来混合水和酒的杯子”。

月球上的陨石坑长什么样？

陨石坑中间有一个凹陷，在陨石坑外部的区域散落着破碎的岩石，可能还会有一些类似玻璃珠的东西。这些玻璃珠是熔化的岩石冷却后形成的。由于月球上没有大气层，也就没有风吹雨淋这样的天气侵扰，陨石坑可以保持数十亿年而不发生改变。

我们在月球上看到的明暗区域是什么？

月球上没有水，没有空气，也没有任何生命迹象。月球表面千疮百孔，到处都是陨石坑。我们看到的明暗区域是月球上的高地和低地。高地就是月球表面的明亮地带，低地则暗一些。

月球上有海吗？

天文学家约翰尼斯·开普勒认为月球上确实有陆地和海洋，所以在 17 世纪的时候，他将月球上的低地称作“maria”（拉丁文中“海”的意思）。其实，这些“海”曾被火山喷出的熔岩淹没过，后来冷却并硬化成一个个平坦的表面。还有一些“海”是小行星撞击月球表面后造成的“伤疤”，其中一些陨石坑被月球最外层的月球裂缝中溢出的岩浆填满了。

月球上的什么遗址会被保护起来？

人类的登月地点就是“月球遗址”之一，这有点类似于“地球遗址”，也就是地球上被保护的特殊场所。静海以及废弃的月球垃圾都将成为我们最初探索月球的永恒纪念。

人类留在月球表面的脚印会消失吗？

月球上没有风霜雨雪这些天气去“抹除”人类留下的痕迹，也就是说，人类在月球上的脚印即便在数百万年后仍然存在，除非小行星或流星刚好撞在这些位置上，才能摧毁或覆盖它们。

我们是如何保护月球上旧的着陆点的？

当新的探测器被送上月球时，它们的着陆目标点通常会远离早期的着陆点，这样就能避免损坏它们。

月球需要除尘吗？

月球上的灰尘非常多。它的表面几乎完全被一层称为“风化层”的小石头和灰尘所覆盖。在一些低地，风化层只有 2 米厚，但在高地上，它的厚度可达 20 米。

风化层是怎么形成的？

风化层的成分其实是岩石，在小行星和流星的反复碰撞下，这些岩石被撞击破碎成了灰尘和小石块，逐渐形成风化层。而熔化的岩石在快速冷却时会形成玻璃状矿物，风化层随之又会与其混合在一起。

你知道吗？

美国宇航员阿姆斯特朗能在月球上留下脚印和痕迹，是因为月球上有一层松散的灰尘。如果他踩在坚硬的岩石上，就不会留下脚印和痕迹了。

为什么“月球2号”探测器撞上了月球？

1959 年 9 月 13 日，苏联探测器“月球 2 号”故意撞向月球，这使得它可以降落在月球表面。它也是地球上第一个降落在另一个天体上的物体。“月球 2 号” 在靠近月球时释放出了一团气体云，其宽度达到 650 千米，这可以让身处地球的科学家通过望远镜追踪到探测器的进展。

为什么我们总是看到月球的同一面？

因为月球自转转一圈的时间和绕地球转一圈的时间几乎一样长，所以，我们从地球上看到的总是月球的同一面。

人类第一次拍摄到月球另一面是什么时候？

1959 年，苏联的“月球 3 号”宇宙飞船绕着月球背面飞行并发回了拍摄的照片，人们才终于看到月球的另一面。在此之前，人们从未见过月球的另一面，相比我们可以看见的那一面，月球的另一面有着更古老、更厚的月壳，以及更多的陨石坑。

月亮树是什么？

美国“阿波罗 14 号”宇宙飞船在绕月旅行中携带了 500 颗树的种子。这些种子由火炬松、美国梧桐、北美枫香、红杉和花旗松的种子组成。这些去过太空的种子后来被带回地球，月亮树就是由这些种子种植长出来的树。

月亮树长在哪里？

返回地球后，大多数从太空回来的种子都长成了树。大部分月亮树被种植在美国，但也有一些种植在日本、巴西和瑞士。第二代月亮树是由初代月亮树的种子或剪下的枝条培育而成的，它们被种植在美国、英国、意大利和瑞士。

“阿波罗任务”带回了多少样本？

据统计，6 次阿波罗登月任务共带回了 2196 个月岩和尘埃样本。它们大多被保存在美国航空航天局，位于休斯敦约翰逊航天中心的实验室里。当科学家需要它们进行研究时，它们就会被送到科学家手里。

月球有姐妹吗？

2011 年，一些科学家提出这样一个观点：地球曾经有 2 个卫星。据科学家推测，第二颗较小的卫星直径约 1270 千米，约为现存卫星——月球的 1/3。

那颗较小的卫星发生了什么？

据科学家推测，那颗小卫星可能撞上了较大的那颗卫星。在那之前，那颗小卫星应该已经运行了约 7000 万年。但这次撞击并没有使小卫星在现存月球上留下陨石坑，而是贴合在了现存月球的一侧，逐渐成为月球的一部分。这可能就是为什么月球远离地球那侧的月壳，比靠近地球这侧的月壳要厚得多的原因。

月球上有火山吗？

月球上的大型火山可能已经消亡约 10 亿年了，相比地球上频繁喷发的火山，月球上的火山就安静多了，现在的月球上几乎没有新近的火山和地质活动迹象，天文学家甚至称月球为“熄灭了”的星球。

你在月球上体重会变轻吗？

月球上的引力只有地球引力的 1/6。这就意味着，在地球上体重为 82 千克的宇航员在月球上的体重只有约 13.6 千克。

更小的重力对宇航员有什么影响？

较小的重力，意味着宇航员可以用跳跃和弹跳的方式移动。不过，他们也更容易摔倒。因为，我们至少需要地球引力的 15% 来让我们的身体保持直立。在月球上，所有物体的重量都会“变轻”，所以，宇航员可以轻松举起不少在地球上难以举起的物体，瞬间变成“大力士”。

月球有大气层吗？

月球有一层非常稀薄的大气层，与围绕在地球和太阳系中其他行星的大气层相比，月球的大气层几乎可以忽略不计。它由氦、氩，可能还有甲烷和二氧化碳等组成。这和地球大气层的组成完全不同。

月球大气层和地球大气层有什么异同？

这么说吧，如果你收集一罐地球气体和一罐月球气体，那么地球气体那一罐中的分子（粒子）数量将是月球气体那一罐中的 10000 亿倍。

在月球上我们能呼吸吗？

就算把月球的大气层再加厚几层，我们也不能在月球上呼吸，因为月球大气层的气体成分与地球大气层的不一样。

月光是怎么回事？

月球表面其实是黑暗的，因为月球本身不能发出任何自然光。我们在夜空中看到的亮光是从月球表面反射的太阳光。

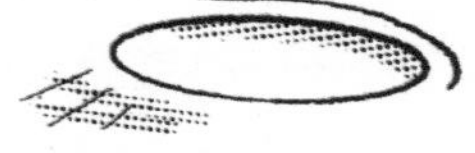

月震可以持续多久？

发生在月球上的地震叫月震。大多数地震只持续几秒钟，即使最长时间的地震也会在2分钟内结束。但是月震却可以持续很长一段时间。如果我们在月球上建造一个空间站，它必须用具有轻微弹性的材料来建造，这样它才不会轻易被月震破坏。

你知道吗？

月球绕地球运转的轨道并不是一个正圆。在月球的运行轨道上，我们把月球距离地球最近的位置称为“近日点”，此时，月球距离地球约35.65万千米；我们把月球距离地球最远的位置称为“远日点”，此时，月球距离地球约40.67万千米。

月球绕地球的运行速度有多快？

月球以大约 1 千米每秒——也就是 3600 千米每小时的速度绕地球运行。

谁是最后一个登上月球的人？

尤金·塞尔南是月球的最后一位探访者，他于 1972 年 12 月 14 日离开月球。美国“阿波罗 17 号”是最后一次执行载人登月任务的飞船。所有登月的宇航员都需要花费至少 3 年的时间准备。

第一面插在月球上的旗子怎么样了？

1969 年，第一次登月的宇航员尼尔·阿姆斯特朗和巴兹·奥尔德林在月球表面插了一面美国国旗。由于月球上没有风，所以旗子不会像在地球上那样迎风飘动，必须有特殊的设计和材料才能保证旗面维持展开的状态。但是，谁也没有想到，太空船离开时所产生的气浪却把旗子吹倒了。

月球正在远离地球吗？

由于地球和月球之间的引力变化，月球正在以每年 3.8 厘米的速度远离地球。

月球会彻底脱离绕地轨道吗？

应该不会。月球之所以逐渐远离地球，是因为地月间的潮汐力作用。在没有外来力量干扰的情况下，在太阳的年龄内，月球不会彻底脱离地球引力。

乘坐大型喷气式飞机或汽车到月球需要多长时间？

从地球到月球的距离为 38.4 万千米，而一架波音 747 飞机的飞行速度约为 965 千米每小时。如果有可能的话，乘坐这种大型喷气式飞机中间不停歇，飞往月球需要约 17 天。如果你能以 80 千米每小时的速度开车的话，那抵达月球需要大约 200 天时间，将近 7 个月！

“阿波罗号”的宇航员到达月球花了多长时间？

“阿波罗号”宇宙飞船每艘只花了 3~4 天的时间就抵达了月球。飞往月球的火箭不会沿着直线飞行，而是绕着地球和月球的部分或全部轨道运行。

地球的潮汐是由月球引起的吗？

宇宙中两个天体之间存在引力。月球引力拉拽着地球上海洋里的水，从而产生潮汐。涨潮是指海水在月球引力的作用下向外膨胀的现象。

潮汐是如何运作的？

当地球自转时，地球表面各点距离月球的远近不同，最接近月球那侧的海水受到的引力最大，被拉向月球方向，向外膨胀，发生涨潮；背对月球的那一侧受到的引力小，但离心力变大，海水也会膨胀，发生涨潮。海水一天会发生两次涨落现象，分别发生在海洋正对月球和背对月球时。

你知道吗？

1971 年，“阿波罗 14 号”的宇航员艾伦·谢泼德携带了一个高尔夫球杆的替代品（一个能折叠的工具和铁勺头串起来，原本用来舀取月球岩石）以及两个高尔夫球到月球，他希望能创造一个破纪录的拍摄。但因为被厚重的宇航服束缚住了，他未能将高尔夫球击出足够远的距离。不过，他带去的高尔夫球现在仍留在月球上。

一个月球日是多长？

一天的时长是天体自转一周所花的时间。一个地球日是24 小时。月球自转一周需要 27.32 个地球日，因此一个月球日的时间等于 27.32 个地球日。

一个月球年是多长？

地球每 365 天绕太阳运转一周，这就是一个地球年。月球的自转速度几乎等于公转速度，月球“年”的长度约为 27 天。

月球上有多热？

在漫长的一天中，月球的每一半面都会面向太阳达半天时间。月球有着极端的温度，因为没有大气层的保护，它白天直面长时间的太阳辐射，晚上又会面临着气温骤降。它白天的温度可以高达 127℃，晚上的温度可以低至 -173℃。

月球上有水吗？

月球的表面非常干燥。但科学家们检查月球上由火山岩构成的微小玻璃珠时，发现里面含有少量水分。

月球上有足够的水喝吗？

月球岩石中的水不太容易被发现，它们有可能会下沉到更深的地方去。而且，月球上的水以气态水或固态水的状态存在，并没有地球上的液态水。

月球上有冰吗？

在月球的南极，至少有一个深陨石坑里是有冰的。阳光永远晒不到这些陨石坑的底部，冰可以在那里待上数十亿年而不融化。

人类可以直接用肉眼观察月食吗？

当地球从月球和太阳之间经过时，就会发生月食。在本影区，地球会遮挡住太阳的光线，此时月球会陷入一片黑暗。月食没有日食那么壮观，但月食发生的频率更高。人类可以直接用肉眼观察月食。

在月球上看星星是什么样的？

月球的大气层十分稀薄，几乎无法散射阳光，因此月球的天空看起来呈现黑色，而不是像地球上的天空那样呈现蓝色。这也意味着，你在月球上可以看到比在地球上更多的星星。由于没有光污染和大气污染，这些星星真的是“一闪一闪亮晶晶”呢。

你知道吗？

有一位天文学家的骨灰被埋葬在月球上，准确地说，是这位天文学家的一部分骨灰。美国天文学家尤金·舒梅克去世后，他的一部分骨灰被安置在“月球勘探者号”探测器上，1999 年 7 月 31 日，这个探测器坠入月球。于是，尤金的这部分骨灰永远地留在了月球。

我们能在月球上建立基地吗?

在未来的某一天，我们或许可以在月球上建一个基地。它既能作为其他太空旅行的出发点，也能作为一所研究站。由于月球极端的冷热温差，月球基地必须具备很好的隔热性，还得具备加热或冷却功能。它必须完全密封，以保证内部有空气，并且还能循环利用空气。月球上没有液态水，但在未来，居住者也许能提取出封锁在岩石里或冻结成冰的水。

月球在缩小吗?

是的！月球刚刚形成的时候还是滚烫的，因为热胀冷缩原理，当它逐渐变冷时，它就会收缩。而月球表面的裂缝和隆起表明，在过去的10亿年里，月球一直在缩小。

月球上最大的陨石坑有多大？

月球上有太阳系中最大的陨石坑，这个陨石坑就是南极—艾特肯盆地，它直径约 2500 千米。盆地底部的最低点到坑缘的最高点距离超过 13 千米。这比地球上的最高山峰——珠穆朗玛峰还要高！

南极-艾特肯盆地是怎么形成的？

大约 39 亿年前，一颗小行星撞击了月球，之后便形成了艾特肯盆地。它在月球表面砸出了一个大坑，巨大的冲击力把坑周围的岩石推高变成了洞壁。

为什么有时候白天也能看见月亮?

从地球上看，月亮高过地平线的时间大约为每天12个小时，并且每天升起和落下各一次，所以我们有时也能在白天看见它。月亮通常要么在日落前升起，要么在日出后落下，所以它会与日光相遇，而并不总是整晚都高高挂在夜空。

月球上有图像吗?

当人们观察月球的时候，会发现月球上的明暗区域，似乎构成了一张图案。有人认为这些明暗区域看上去像一个人拿着一捆棍子；有人认为它像一个老人拿着灯笼；还有人认为它像一个有着漂亮发型、戴着珠宝的女人。而在不同的文化中，人们对这些图像往往会有不同的理解和呈现。比如，在中国、日本和韩国，人们认为它像一只兔子拿着玉杵在捣药。其他文化中，人们则认为这些图像更像水牛、驼鹿、青蛙、蟾蜍或龙。

其实，人们看到的月亮上的那些阴影区域，可能是月海，也可能只是被云层遮住了。我们常说“1000个人眼中有1000个哈姆雷特”，等晚上月亮出来时，你也可以观察一下，放飞你的想象，看看月亮上的图案像什么。

月亮上的土地可以被出售吗？

如果你发现一些公司对外声称他们将出售月球上的土地面积，并为此收取人们的钱财，那他们一定是骗子，因为他们根本不拥有任何关于月球的权利。1967 年，国际上第一个规定外空活动法律原则的条约《外层空间条约》宣布，没有任何人拥有外层空间中任何部分的所有权，其中包括月球。

月亮是某个家族独有的吗？

关于月亮，还有些让人啼笑皆非的传闻。一位来自德国的男人声称，1756 年，普鲁士国王腓特烈大帝把月亮送给了他的家族。

我们在月球上都留下了些什么？

在 45 亿年的时间里，月球是一个没有垃圾的地方，直到人类踏足那里。现在，那里有大约 187400 千克的杂物。人类在月球上留下了 70 多个飞行器，包括坠毁的航天器、用过的探测器和废弃的航天器零件。另外还有些工具，比如锤子、耙子、铲子，以及昂贵的相机，这些都是人类留下的。

月球上还有别的什么东西吗？

除了刚刚说过的航天器，剩下的可不是什么好东西——比如用过的湿纸巾、空的空间食品包装袋，以及一些人类的排泄物和呕吐物！

月球上真的有一块牌匾吗？

在被遗弃的“阿波罗 11 号”着陆器的一条腿上有一块金属铭牌，上面写着这样一句话：“公元 1969 年 7 月，来自地球的人类首次踏足月球。我们为全人类的和平而来。”

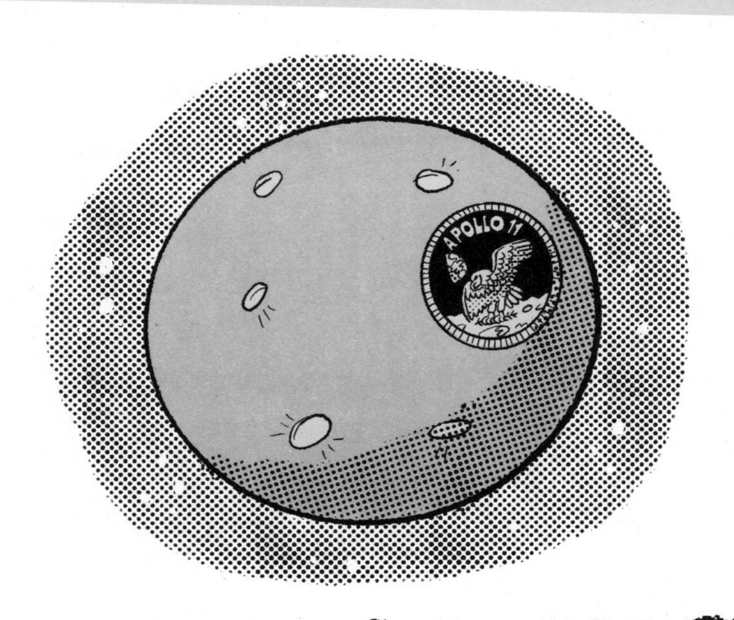

宇航员在月球上留下了哪些特别的纪念品？

“阿波罗 11 号”的宇航员留下了一个背包，里面装着纪念 1967 年和 1968 年去世的两名苏联宇航员弗拉基米尔·科马洛夫和尤里·加加林的奖章。另一件纪念物品是“阿波罗 1 号”的一块碎片。“阿波罗 1 号”在发射前突然起火，造成了 3 名宇航员死亡。

奇特的行星

太阳系是如何形成的？

太阳系形成于大约 45 亿年前。它由大量旋转的尘埃和气体云演变而来。物质碎片开始聚集在一起，云团质量越来越重，吸引的物质也越来越多。最终，最大的云团变成了太阳、行星以及它们的卫星。

为什么有些行星是岩质行星，有些行星是气态行星？

太阳系有 4 颗岩质行星（水星、金星、地球和火星）和 4 颗气态行星（土星、木星、天王星和海王星）。太阳系刚形成的时候，太阳附近温度过高，气体无法凝结，所以气态行星被推到了稍远一些的寒冷区域，而岩质行星则可以在更高的温度下凝固。

水星有多大？

水星是距离太阳最近的行星，是太阳系中体积最小的行星，它只比我们的月球大一点点，直径仅为 4878 千米。而且，它一直在缩小！随着内部热量的冷却和收缩，水星表面的裂纹越来越密。

水星离太阳有多近？

水星距离太阳约 5791 万千米，这个距离仅为地球距离太阳的 1/3 多一点。

水星上的一天有多长？

水星自转一周所需的时间约为 58.6 个地球日。

水星会脱离运行轨道吗？

一些天文学家认为，木星强大的引力正在干扰水星的运行轨道。水星已经出现了一个反常的轨道，这会使得水星很容易被撞击。

水星会撞击地球吗？

据科学家推测，在遥远的未来，可能会发生这四种情况，但无论哪一种对水星来说都不是好消息：水星可能撞向太阳；可能被完全抛出太阳系；可能撞向金星；还可能撞向地球！但别太担心，至少在未来 50 亿到 70 亿年内，这些都不可能发生。

一个金星日比一个金星年更长吗？

是的。金星是围绕太阳旋转的第二颗行星，它绕太阳运行一周的时间为 224.7 个地球日。而它自转的速度也很缓慢，完成一次完整的自转所需时间为 243 个地球日。

金星转错方向了吗？

在太阳系中，金星和天王星绕着太阳旋转的方向都与其他行星相反。有一种猜测认为，这可能是因为在这两颗行星形成的早期，它们都曾受到过大型小行星的撞击。

金星适合旅游吗？

金星是太阳系中最热的行星，它的表面温度高达475℃，这是因为金星外层被浓厚的云层包裹着，太阳的热量被围在这个云层里，使金星的温度上升。到金星旅游可不是一件美好的事情，你不仅会被超过地球90倍的大气压力压成粉末，还会被酸性云灼烧……

火星被哪个家族继承了吗？

关于火星，还有一些有趣的传闻。1997年，3名也门男子控告美国“侵略”火星。他们说，火星属于他们的家族，因为自3000年前，他们的祖先就继承了这颗星球。而他们提供的证据却是一些古代沙特阿拉伯早期文明的神话……当然，美国完全不认同这些人拥有火星，他们计划继续探索火星。

据说俄罗斯有一位火星人？

俄罗斯男孩鲍里斯卡·基普里亚诺维奇声称自己曾经是一位火星人，如今在地球上转世重生。在很小的时候他就告诉父母自己在火星上的生活，他说火星人都住在地下。

火星上有运河吗？

1877 年，意大利天文学家乔凡尼·夏帕瑞丽绘制了第一幅火星地图。他观测到火星表面存在许多线状纹理，他把这些线状纹理称为“canali”，在意大利语中的意思是“沟渠”，但不会说意大利语的人却把它误读成了“canal”，意思是“运河”。1909 年，天文学家用更先进的望远镜观测火星，却发现上面并没有什么运河。

火星为什么是红色的？

那是因为火星“生锈”了。火星表面的岩石含有较多铁质，加上其环境非常干燥，没有液态水，频繁发生的风暴会把地面上的红色尘土漫天卷起。长年累月，火星表面到处都覆盖了厚厚的氧化铁沙尘，从而让火星呈现出红色的面貌。

火星比地球大吗？

火星比地球小得多，它的直径约 6794 千米，也就是说，它的直径比地球的半径略长一些。地球内部可以容纳 6 个火星。

火星有卫星吗？

火星有 2 个卫星，但它们都很小。火卫一直径约 22.5 千米，而火卫二直径只有大约 12.4 千米。它们俩的外形看起来都有点儿像土豆——因为不够大，质量和引力都不足，所以它们无法改变自己的形状使其接近球形。

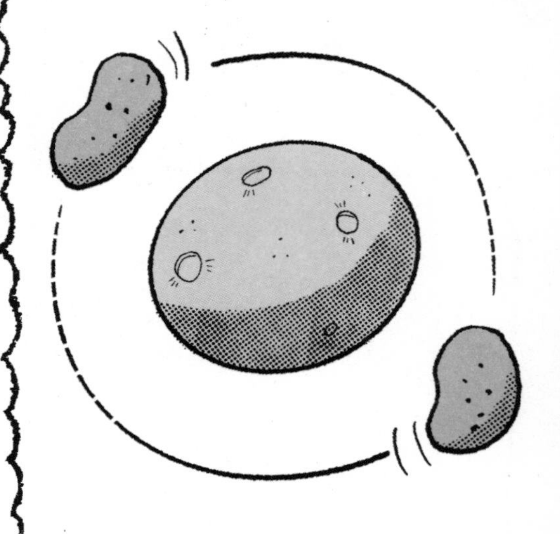

太阳系中最大的火山位于哪里？

火星上最主要的标志，就是巨大的火山和峡谷。太阳系中最大的火山就位于火星上，它就是奥林匹斯山。它的高度几乎是珠穆朗玛峰的 3 倍。火星上还有太阳系中最大的峡谷——水手峡谷，从太空中很容易就能看见它。

奥林匹斯山危险吗？

奥林匹斯山已经有 2500 万年没有喷发了，看上去应该不会再苏醒了。

木星云带的颜色为什么会变化？

木星的自转速度非常快，不到10小时就会完成一次自转，这种高速运动带动它表面的云层高速反方向运动，从而将云层拉成条状云带。木星赤道附近的云带运动尤其剧烈，它们被时速约650千米的强风吹着移动。木星云带的颜色变化是由构成这些云的气体的种类决定的。

木星有多大？

木星是太阳系所有行星中最大且最重的一颗，也是太阳系中气态行星之首。它的直径约142984千米，体积巨大，大到可以容纳1400颗地球大小的行星。木星距离地球非常遥远，第一个访问木星的“先驱者10号”探测器花费了21个月才到达那里。

太阳系中哪颗行星上的一天最短？

太阳系中，木星上的一天时长最短。在木星上，一天时长不到 10 个小时，但一年却有将近 11.8 个地球年那么长。这也就是说，一个木星年包含 10000 多个木星日。

所有的行星都有自己的卫星吗？

地球确实不是唯一有卫星的行星。但太阳系中也不是所有的行星都有卫星，水星和金星就没有卫星，而木星、土星、天王星和海王星都有属于自己的卫星。

土星和木星分别有多少颗卫星？

土星有 82 颗卫星，木星有 79 颗卫星。因为这两颗行星太大了，它们的引力可以作用到遥远的太空深处，使它们能够捕捉经过的岩石和冰块，并将其拖入运行轨道。

你能在木星表面上站立吗？

答案是不能。木星是太阳系中气态行星之首，也是人类已知的气态行星中最大的一颗。木星的表面被厚厚的云层包围，并没有固体的表面。而且，在到达固体地核之前，你需要经过数万千米的气体，并穿过浓稠的糊状黏稠物。

木星能转变成恒星吗？

如果你对木星了解多一些，就会发现，构成木星的气体与构成太阳的气体相似，但木星要想转变成一颗恒星，它的质量得是现在的 80 倍。也就是说，如果木星能包含更多的物质，那么，发生在恒星内部的核聚变才可能发生在木星上。

太阳系中最臭的地方在哪里？

木星的卫星木卫一（伊奥）是太阳系中火山爆发最多的地方。它有大约 400 座活火山，其中一些火山可以向太空喷射出高达 500 千米的硫黄臭气，所以太阳系最臭的地方可能就在这里。

哪颗行星的引力最强？

行星的质量越大，引力就越大。木星是太阳系中质量最大的行星，因此木星的引力最强。

你觉得你在木星上会有多重？

如果你能去木星上旅游，你的体重将变成你在地球上体重的 2.5 倍左右。

木星的“大红斑”是什么？

木星表面出现的斑点其实是风暴气旋，有点像我们在地球上看到的飓风。其中最著名的“大红斑”至少存在 300 年了，它涉及的范围足以环绕两个地球大小的行星。

太阳系最大的卫星是哪颗？

太阳系中最大的卫星是木星的卫星木卫三（盖尼米得）。表面冰冻的巨型木卫三可能包含着一个岩石内核，它甚至比水星这颗行星都要大。

你可以去木星的哪颗卫星滑冰？

木星的卫星木卫二（欧罗巴）表面大体光滑，也是太阳系中最光滑的天体。木卫二的表面布满了冰层，冰层下面存在大量的液态水。不过你滑冰的时候可要小心一些，虽然这个白色星球的表面非常光滑，但冰层上也可能有开裂的冰缝。

海卫一适合度假吗？

除非你喜欢寒冷的环境，否则海王星的卫星海卫一绝对不是个度假的好去处！海卫一是海王星的卫星之一，是太阳系中最冷的地方之一，它的温度可以降到人类无法承受的 -235℃。

还有个有趣的地方，海卫一是太阳系中唯一一颗逆行轨道的卫星，也就是说，它沿轨道运行的方向与海王星的自转方向相反，而大多数卫星的旋转方向都与它的行星相同。

土星环是由什么组成的？

土星环是由数十亿颗大小不一的岩石、灰尘和冰组成的。它们可能是坚硬的岩石块，也可能是像混合着小冰块的脏雪球一样的东西。它们有些可能有公共汽车那么大，但更多的则是一些难以观测到的小颗粒。

土星环有多大？

太阳系中最大、最亮的、最为显著的行星环非土星环莫属。环绕土星的行星环系统宽度超过30万千米，土星环最薄的地方只有几米，最厚的地方大约150千米，大多数光环厚度只有30米左右。

土星能漂浮吗？

土星是一颗气态行星，表面被剧烈运动的云层包围着。如果你能找到一个足够大的浴缸装它的话，它甚至还可以漂浮在水中！

天王星转动的方向错了吗？

天王星是太阳系中唯一一颗躺着旋转的行星。为什么会这样呢？目前接受度最广的说法是，它可能在几十亿年前受到了某个天体的撞击，所以才导致了它的倾斜。

谁发现了天王星？

威廉·赫歇尔，他出生于德国，后来移居到了英国。1781 年 3 月 13 日，这位业余的天文学家用自己手工制作的望远镜，发现了一颗围绕太阳运行的新行星——天王星。

天王星差点被命名为“乔治”吗？

威廉·赫歇尔曾想以英格兰国王的名字“乔治”来命名天王星，所以天王星也曾被称为“乔治”。乔治国王很高兴，给了赫歇尔十分丰厚的奖励。赫歇尔用这些钱制造了更大更好的望远镜，自己也成了一名全职天文学家，不过，虽然他后来还有其他重要发现，却未能再发现新的行星。

天王星上的一年有多长？

天王星绕太阳运行一圈的时间是 84 个地球年。这也意味着天王星上的两个极点，每一个都要经历 42 个地球年长的白昼和 42 个地球年长的黑夜。

海王星和天王星会着火吗？

天王星和海王星的大气中都含有甲烷，它使得这两个星球呈现蓝色。甲烷是一种易燃物质，因此，如果海王星和天王星上有氧气的话，这两颗冰巨行星是有可能着火的。

为什么海王星和天王星内部很泥泞？

海王星和天王星都是冰行星，但这并不是说构成它们的只有大块的冰。在它们的大气层下面，有一层厚厚的水、甲烷和氨的混合物，它们容易形成泥泞的冰状物。而在两颗行星的内部中心，也许是一小块岩石和冰构成的地核。

海王星是什么时候被观测到的？

1846 年，德国天文学家约翰 · 加勒第一次观测到了海王星，距今已有 170 多年。但由于海王星离太阳太远了，大约有 45.04 亿千米，所以它绕太阳转一圈大约需要 164.8 个地球年，因此，从它首次被发现以来，它只公转完了一圈，也就是一个海王星年。

最早发现海王星的是谁？

19 世纪初，天文学家注意到天王星并不在它的轨道上正常运行。英国天文学家约翰 · 库奇 · 亚当斯和法国天文学家奥本 · 勒维耶认为，太空中存在某个未知行星正在迫使海王星偏离它的轨道。他们通过一系列的理论计算，几乎在同一时间发现了海王星的存在。

有谁去过海王星吗？

海王星是一颗巨大的蓝色球体，是一个我们知之甚少的冰冻世界。它的自转速度非常快，海王星的一天只有 15 小时 57 分 59 秒。截至目前为止，只有“旅行者 2 号”探测器在 1989 年 8 月 25 日曾飞掠海王星。

太阳系风最大的地方在哪里？

太阳系中最猛烈的风暴发生在海王星上。海王星的大黑斑出现于1989年，风速约2400千米每小时。在大黑斑之外的地方，风速能达到近2160千米每小时。

海王星上会下“钻石雨”吗？

钻石是由碳原子组成的。在巨大的压力作用下，海王星和天王星上的风暴可能使某些含碳化合物分解为碳原子，然后进一步制造出“钻石雨”。钻石雨可能会形成由液态钻石组成的湖泊，甚至海洋，也许还会形成漂浮的钻石冰山，海王星可能是太阳系中最“富有”的星球了！

谁发现了冥王星？

1896 年，商人帕西瓦尔 · 罗威尔在美国亚利桑那州建造了罗威尔天文台，目的是探索被报道的火星上的“运河”。当这些报道被推翻之后，罗威尔开始尝试着寻找一个新的行星。1915 年，他其实拍摄到了冥王星，但由于冥王星比他预期的要暗得多，他没有认出来。15 年后的 1930 年，美国天文学家克莱德 · 汤博在罗威尔天文台正式发现了冥王星。

猜猜你在冥王星上的体重是多少？

冥王星的引力只有地球的 1/15，因此在冥王星上，你的体重只有你在地球上体重的 1/15。

冥王星上是全黑的吗？

冥王星距离太阳 59.15 亿千米，所以它获得的阳光比地球少得多。但它也并非完全黑暗，冥王星上正午时分的光和地球上日落时分的光有些相似。

冥王星上潮乎乎的吗？

如果你能把地球上所有的水收集起来做成一个球，这个球的直径约 692 千米。而如果你对冥王星也做同样的事，那从它上面收集形成的水球直径约为 1368 千米。

冥王星上的水里会有鱼吗？

在冥王星厚厚的冰壳下，一片巨大的海洋伸展开来，环绕着这个星球。但这片海洋可不是什么生命的摇篮，其中蕴含着有毒化学混合物，因此，它很难孕育出专属于冥王星的海洋生物。

为什么彗星有尾巴？

那些划过天际的彗星看上去十分壮观——一个明亮闪耀的点，拖着一条长长的发光的尾巴。可如果你能近距离观察彗星的话，你会发现它其实是由一团乱糟糟的岩石块、尘埃和冰堆积而成。当彗星接近太阳时，冷冻的表面开始融化，于是，一条长达数百万千米的壮丽尾巴就出现了。彗星的尾部通常与太阳的方向相反。

彗星会定期拜访地球吗？

有的彗星只出现一次，有的彗星则会定期拜访地球。它们在一个巨大的椭圆形轨道上围绕太阳运转，当它们靠近地球时，我们就可能看见它们。彗星大部分时间都在海王星轨道旁边的柯伊伯带活动。柯伊伯带有数以万亿计的大大小小的彗星。

彗星是由哪几部分组成的？

彗星由彗发、彗核以及彗尾三部分组成的。彗发是围绕彗核所形成的雾状物，成分是气体和尘埃；彗核主要由气体和岩石颗粒组成；彗尾的形状取决于构成它的粒子种类和太阳活动情况，因此差别很大。

以前的人们为什么害怕哈雷彗星？

在不同文化和传统习俗中，彗星常被看作“末日”或者“天灾人祸”的预兆。这可能是因为彗星在夜空中显得格外醒目，行踪难以捉摸，加上它又碰巧同历史上的几次灾难同时出现，于是无辜的彗星就不幸成了“背锅侠”。1910 年，当哈雷彗星被预测即将再次出现时，人们惊慌失措，以为是世界末日就要来了。一些骗子甚至趁机出售“防彗星帽”来阻止辐射，出售假药丸来“保护”人们免受彗星的“毒害”。

第一次发现哈雷彗星是在什么时候？

哈雷彗星被发现并记载迄今已有 2200 多年了。

哈雷彗星会带来灾难吗？

当然不会了。不过，1910 年科学家们推测地球可能会穿过彗星的尾部，当时的人们十分担心彗星的尾部气体有毒，可能会毁灭地球上的生命。然而事实是，我们如今仍然安全地生活着……

哈雷彗星的尾部有多长？

哈雷彗星的尾部最长可达 1 亿千米。

哈雷彗星还会再次拜访地球吗？

哈雷彗星每 76 年绕太阳一周，据专家预测，下一次它出现在人类视野中将是 2061 年。

哈雷彗星会存在多久？

每一次奔向太阳的旅行都会使哈雷彗星的一部分融化，所以最终它会全部消失。哈雷彗星每次出现时都会失去至少 10 米的厚度，照此推算，它还能存在 7.6 万年。

在太空中寻找生命的最佳地点是哪里？

木星的卫星木卫二和土星的卫星土卫二可能是在太阳系中寻找地外生命的最佳地点。在土卫二上，厚厚的冰层下布满海洋，而冰层下的海洋可能成为孕育微生物的家园，这一点跟地球上的海洋是一个原理。

“鸟神星”是矮行星吗？

“鸟神星”是太阳系内已知的第三大矮行星，也是传统的柯伊伯带天体族群中最大的两颗之一。它的直径约是冥王星的四分之三。“鸟神星”于 2005 年被发现,在正式命名前曾被称为“复活兔”，直到 2008 年才被正式命名为“鸟神星”。

鸟神星有卫星吗？

鸟神星距离太阳十分遥远，接受的太阳辐射少，鸟神星上又冷又黑，它是一颗由岩石和冰构成的小天体。2016 年，科学家宣布发现了鸟神星的卫星——鸟卫一。

行星们会在未来逐渐远离太阳吗？

行星们正以每年约 15 厘米的速度缓慢地远离太阳。科学家们还没有找到确切原因。其中一个原因可能是：因为太阳通过不断消耗自己去制造热能和光能，它的质量也在随之减少，这样一来，它就没有那么大的引力来拉住行星了。

太阳转动的速度变慢了吗？

是的，太阳自转时的速度减慢了，这有可能会降低它“抓住”行星的能力。行星本身的存在也会令太阳的速度减慢——因为它们的引力对太阳也有约束。每过一个世纪，地球都会使太阳自转的速度降低 3 毫秒。

你知道吗？

有一种不用望远镜就能分辨恒星和行星的方法，就是观察它们是否会闪烁。恒星会闪烁，而行星不闪烁；恒星可以自己发光，行星只会反射太阳的光。

冥王星之外还有别的行星吗？

在海王星甚至是比冥王星更远的地方，有可能还存在着另一颗行星。美国航空航天局认为，第 9 颗行星到太阳的距离可能是海王星到太阳距离的 20 倍。

第9颗行星会是什么样子呢？

这颗多出来的行星很可能是像海王星和天王星那样的冰态巨行星，质量可能是地球的 10 倍。它的体积很大，但又比气态巨行星要小得多。它可能需要 10000 ～ 20000 个地球年的时间才能绕太阳旋转一周。

为什么科学家认为存在第9颗行星？

如果真的存在第 9 颗行星的话，就可以用它的引力来解释柯伊伯带中一些天体反常的运动。柯伊伯带中，有些天体的运行轨道很倾斜，与太阳系的其他部分成一定角度运动，还有一些天体绕太阳运行的方向是反的。

宇宙的边界

我们需要太阳吗？

太阳提供了地球上生命所需的全部能量。太阳的引力使地球和太阳系其他行星保持在各自的轨道上。要想生存，我们离不开太阳！

我们的太阳是健康的吗？

我们的太阳属于常见的恒星类型——它是一颗大小适中的黄矮星主序星，有46亿年的历史。科学家们推测太阳寿命约为100亿年，这意味着，目前正是太阳的“壮年期”，而它的工作就是以热和光的形式不断输出能量。

为什么太阳光会晚到地球8分钟？

太阳光从太阳到达地球需要8分钟的时间。光传播的速度非常快，在真空中可达30万千米每秒。但是太阳离地球太远了，太阳的光需要8分20秒的时间才能到达我们身边。

太阳有多重？

太阳的重量是地球重量的 33 万倍。它的质量占太阳系总质量的 99.8%。全部的行星、卫星、彗星和小行星加在一起的质量，是太阳系除去太阳质量后剩余的质量。

太阳有多热？

太阳表面的温度接近 6000℃。在太阳的核心位置，温度超过 1500 万℃。太阳大气层的最外层被称为“日冕”,往里依次为：色球层、光球层、对流层、辐射区，以及最中心的太阳核心。

你可以往太阳里塞多少个地球？

太阳内部大约可以装下 130 万个地球。

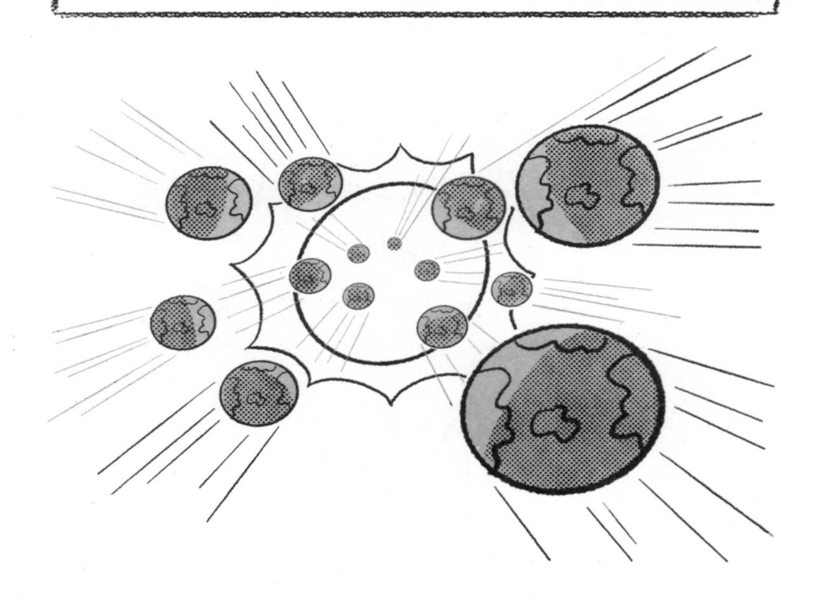

太阳在缩小吗？

太阳每隔 4700 万年就会减少相当于一个地球的质量。这听起来好像会减少很多的样子，但对太阳来说真的不算什么。太阳现在的质量是 1.9891×10^{30} 千克。到大约 50 亿年后它“死亡”的时候，它将失去的质量也不过是目前质量的 0.034%。

太阳“死亡”后会发生什么？

当太阳耗尽了氢气的时候，它会膨胀成一颗红巨星，并吸入水星和金星。然后，它将失去它的外层，变成一颗坚固的、高密度的白矮星。这时它的大小虽跟地球差不多——但质量仍然很大。这颗白矮星表面的重力将是地球重力的 10 万倍，温度将是太阳现在外部部分温度的 20 倍。而太阳的热量是慢慢释放到太空中去的，所以它需要数万亿年的时间才会变成一颗冰冷的黑矮星。

北极星比太阳还亮吗?

北极星是夜空中一颗明亮的恒星。它的亮度是太阳亮度的2200倍，但它离我们太远了，所以从地球上看，它就像个小点儿。

我们的太阳是一颗很小的恒星吗?

晴朗的夜晚，当我们抬头仰望浩瀚的星空，我们看到的绝大多数星体都属于恒星。而大部分我们能看到的恒星都比太阳大。太阳是其中最小恒星吗？不是的，太阳从质量和体积上来看，属于一颗中等偏上的恒星。

红色的恒星温度最高吗?

红色的恒星恰恰是恒星里面温度最低的。红色是暖色调，我们习惯于认为红色的东西会热，但那只是因为我们把火、热跟红色联系在一起的缘故。其实红色只是一些东西发热后发出的第一种光，所以它其实是来自温度最低的发热体。想不到吧，温度最高的恒星发出的光是淡淡的蓝光。

离太阳最近的恒星在哪里？

离太阳最近的恒星叫比邻星。它距离太阳4.22光年，也就是将近40万亿千米。

什么是光年？

“光年”是一个长度单位，指光在一整年时间中所传播的距离。这个距离将近9.5万亿千米。天文学家用光年来测量太空中的距离。

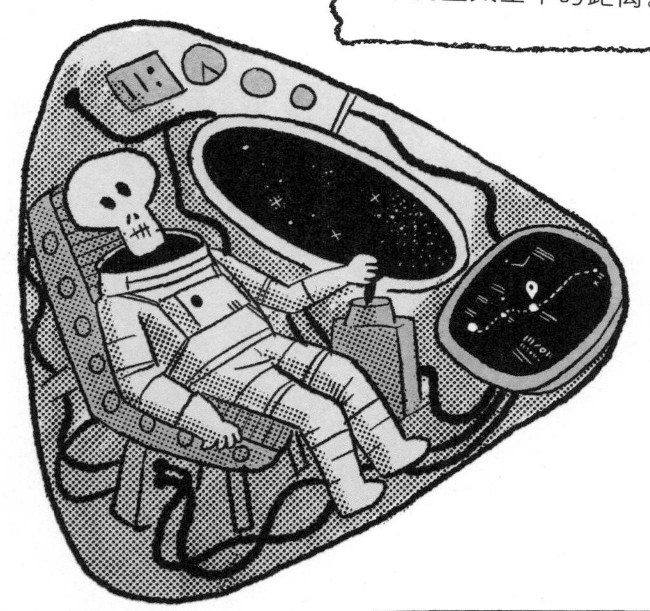

从地球到比邻星需要多长时间？

目前，我们拥有的最快的宇宙飞船，也需要花费7.6万年才能到达比邻星。

我们能在夜空中看到比邻星吗？

比邻星不是很亮，如果没有望远镜，我们用肉眼根本看不到它。

最大的恒星有多大？

最大的恒星是超巨星。它们的质量可达太阳质量的 100 倍，宽度可达太阳宽度的数百倍。超巨星以惊人的速度产生能量。它们制造的能量是太阳能量的 10 万倍，产生的亮度也比太阳的亮度大得多。不过，尽管它们很大，但它们消耗自身燃料的速度也是“嗖嗖”的。它们只需要几百万年就能把自身的燃料消耗殆尽。

目前发现的体积最大的恒星是哪颗？

目前，人类发现的体积最大的恒星是盾牌座 UY，它位于盾牌座，半径约为太阳半径的 1119 倍。

目前发现的最亮的恒星是哪颗？

迄今为止，人类发现的最亮的恒星是 R136a1，位于大麦哲伦蜘蛛星云，其亮度约为太阳亮度的 870 万倍。

太阳黑子是什么？

太阳黑子是太阳表面阴暗的斑块。它们并不是真的颜色很暗——它们只是和周围超级明亮的区域相比看起来很暗而已。太阳黑子比太阳表面的其他部分温度要低一些，约为4500℃，实际上这个区域还是很热的。

太阳黑子有多大？

太阳黑子可不是个小点点，有些太阳黑子大到可以容纳 5 颗地球一样大的行星。

超新星是什么？

质量是太阳质量 8 倍以上的恒星最终会爆炸变成一颗令人称奇的超新星。爆炸可以持续一周或者更长时间，爆炸发出的光比天空中任何一颗恒星的光都要闪耀。迄今为止银河系里最后一颗被发现的超新星，是 1604 年发现的蛇夫座的超新星（开普勒超新星）。它距离地球大约 1.3 万光年，也是银河系内最近超新星发生爆炸的代表。

天空中所有的恒星都位于我们的银河系内吗？

当你在夜晚仰望星空，能看到的所有恒星几乎都位于我们的银河系内。银河系如此辽阔，其中的恒星如此明亮，这使得我们很难看到银河系之外的恒星。

我们能在夜空中看到其他星系吗？

并非所有你在夜空中能看到的天体都位于银河系内。猎户座腰带下方的“恒星”和仙女座其中的一颗“恒星”其实都是星云。它们不是单个的恒星，而是银河系之外的完整星系。当你看着它们时，你所看到的模糊的云所带的光，其实是几千亿颗恒星的光聚在一起的结果。

银河系有多少颗恒星？

在晴朗的夜晚，用肉眼可以看到大约 6000 颗恒星，单单银河系中的恒星就有 1000 亿~4000 亿颗。

银河系有多大？

银河系的直径超过 10 万光年，它主要由四条像风车一样的巨型手臂组成，这些手臂叫作旋臂，旋臂里包含着成千上万不同年龄的恒星、气体和宇宙尘埃。地球位于银河系一条较小的旋臂上，距离银河系中心 2.8 万光年。

银河系位于宇宙中的哪个位置？

真是难以想象，我们生活的银河系只是宇宙中数千亿个星系中的一个，它位于一个叫作“本星系群”的星系团中。而这个星系团又处在一个叫作“本超星系团”的超星系团中。

太阳围绕银河系转得有多快？

太阳以 828000 千米每小时的速度绕着银河系的中心运行，转完一圈大约需要 2.5 亿年的时间，我们把这一周期称为银河年。

银河系的中心有什么？

银河系中心可能存在一个超大质量的黑洞，被称为“人马座 A”。它的质量约为太阳的 400 万倍。所有星系的中心都可能存在一个巨大的黑洞，在黑洞的区域，数百万或数十亿颗恒星被塞进一个小小的空间。随着黑洞不断吞噬更多的灰尘、气体和其他物质，它会变得更大。

黑洞是什么？

黑洞根本不是洞。黑洞是一个因为物质被强烈挤压而导致内部完全没有空间的区域，在这里，就连原子的内部也没有空间。任何离黑洞过近的物体都会被拉向黑洞，与其他物体挤压在一起。黑洞也正是以这样的方式扩大的。

银河系中有多少个黑洞？

银河系中有超过 1 亿个黑洞。

你能看见黑洞吗？

在黑暗的空间里自然不可能看到黑洞——那里看起来什么都没有。虽然我们用望远镜看不到黑洞，但有迹象表明它们确实存在。当恒星或其他天体似乎环绕着一片空空如也的天空时，那里可能就藏着一个黑洞。

如果你被吸入黑洞会发生什么？

大多数天文学家认为，被吸进黑洞的物质将受到压缩和破坏。但也有一些人认为，黑洞是通向另一个宇宙的隧道。在隧道——也可以称之为“虫洞”——的尽头，物质从白洞中喷出，而白洞是用来制造宇宙中的任何物质的。也就是说，黑洞把宇宙中的物质吞食，白洞又把这些物质还给宇宙。

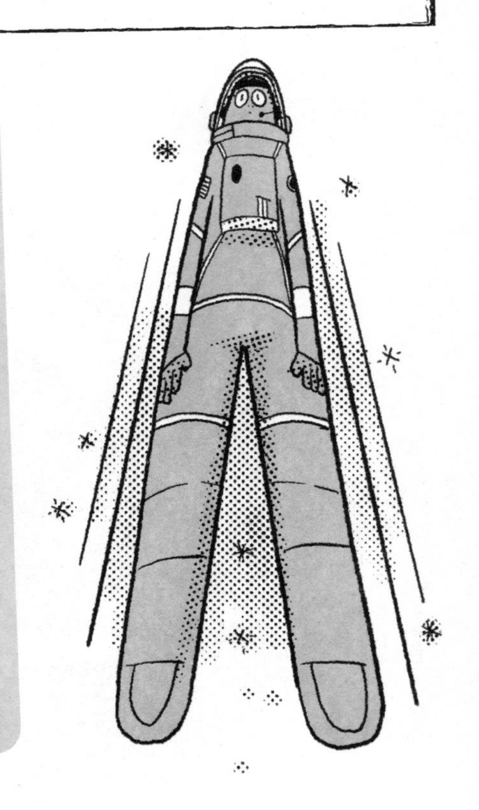

离我们最近的星系是哪个？

仙女星系是离我们最近的星系，距离地球 250 万光年。

我们的星系会撞上另一个星系吗？

可能会。银河系和离它最近的仙女座星系正面临相撞的可能。仙女星系正在以 110 千米每秒的速度向银河系移动，按照这种速度，两大星系将在大约 40 亿年后相撞。

有没有可能是三方相撞？

三角座星系是本星系群中的第三大星系，它也正朝着跟仙女座星系相同的方向运动。设想一下，几百亿年后这三大星系很可能融合到一起，到时候将上演怎样的惊天大碰撞呢？

宇宙从何而起？

目前科学界主流观点认为，大约在138亿年前，一个致密、炽热、质量超级大的奇点出现，这个比针尖还小的点蕴含的巨大能量在一次惊人的爆炸中被完全释放出来，一种像浓汤一样的物质以快到不可思议的速度喷射而出。这就是著名的“宇宙大爆炸”。从爆炸发生的那一刻起，随着时间的推移，宇宙物质的密度从大变小，宇宙也一直处于不断膨胀中，直到变成了今天你看到的样子。

在宇宙大爆炸时发生了什么？

宇宙中所有的空间、时间、物质和能量都是瞬间被创造出来的。在短短的 1×10^{-30} 秒时间内，所有事物都从一个微小的点膨胀到了一个西柚那么大。在这段时间里，宇宙的体积翻了90倍。

宇宙中最先出现的东西是什么？

在宇宙大爆炸最初的一分钟内，第一批物质——原子核，也就是原子的核心部分出现了。原子核的成分几乎全是氢和氦。

宇宙大爆炸之前发生了什么？

宇宙大爆炸之前如果有东西存在的话，那会是什么，没有人说得清。或许“从前”并不重要。

宇宙变得越来越大，膨胀速度也越来越快了吗？

宇宙大爆炸是在所有时空中的各个地方突然出现的，它出现的地方会变大。虽然宇宙大爆炸没有膨胀到真空空间，但是真空空间会出现在宇宙中的物质和物质之间，把宇宙撑开。宇宙大爆炸后大约50亿到60亿年的时候，宇宙膨胀的速度加快了。所以，宇宙变大的速度也加快了，而且它仍在加速变大。

宇宙会一直变大吗？

宇宙可能会继续迅速变大，直到它成为稀薄的、黑暗的物质汤，在那里，任何物质都无法把自己聚合在一起——这叫“大裂口”。或者，宇宙可能会达到一个终极规模，在那里，物质和物质相距如此之远，以至于根本不再有运动或热量产生。又或者，一切物质可能反弹到与宇宙大爆炸相反的方向中心——这叫“大挤压”。不过，你并不需要担心什么，这些情况发生的时间可能在几十亿年后，也可能永远都不会发生。

光从其他星球到达地球需要很长时间吗？

光从太空中遥远的星球到达地球，需要非常长的时间。如果 6700 万光年外的外星人使用超强望远镜观看地球的话，他们会看到恐龙在地球上漫游——因为他们看到的是 6700 万年前地球的景象！

我们如何判断北极星仍在燃烧？

我们无法判断！北极星距离我们约 323 光年，那么从它发出的光线开始，到我们的眼睛接收到需要 323 年，所以我们看到的只是它 323 年前的样子。假如北极星在 1900 年发生爆炸，我们要到距离现在大约 200 年后才能看到。

我们尝试过联系外星人吗？

1974 年，天文学家在美国波多黎各岛的阿雷西博天文台，向聚在银河系边缘的一群恒星发射了专门为外星人设计的无线电信息。这个重要的问候携带着一组简单的图片被投射进宇宙，为的就是告诉外星人我们人类的存在。这是人类有史以来发射的最强大的无线电信号。

我们什么时候能得到外星人的回复？

这群由 30 万颗恒星组成的星群被称为“M13”。它距离地球约 2.1 万光年，所以，即使有外星人接收到我们的信息，我们也得在 4.2 万年后才能收到回复。

太阳系有没有外来的游客？

2017 年末，一颗来自银河系另一个恒星系的小行星呼啸着飞入我们的太阳系，并绕着太阳转了一圈，然后离开了。这颗小行星被命名为“奥陌陌”，它的英文名“Oumuamua”一词取自夏威夷语中“侦察兵”或“信使”的意思。

太空有多冷？

太空中的温度约为 -270.5℃。这只比理论上的最低温度 -273.15℃高出那么几度。在这种低温环境中，物质中的所有粒子都停止了运动——实在没有比这更冷的了。

太空中所有的空间都冷到滴水成冰吗？

并不是所有的空间都是极度冰冷的。恒星之间的气体，或者来自恒星的太阳风（其实就是粒子流）可以非常热，温度可达到数千度甚至数百万度。

宇宙有多大？

宇宙的直径至少有 930 亿光年，而宇宙的最外缘距离地球至少 465 亿光年。科学家测算宇宙的年龄只有 138 亿岁。

宇宙不止一个吗？

有一些科学家怀疑，我们所处的宇宙是多元宇宙——一个一直在分支的无限宇宙——的一部分。这意味着所有的可能都能变成现实。可能在其中一个分支世界里，你的早餐是吐司，而在另一个分支世界里，你的早餐是米粥或其他食物。

什么单位比光年还大？

天文学家能使用的最大单位是 10 亿秒差距。1 个秒差距等于 3.262 光年，约 31 万亿千米。地球距离可见宇宙的边缘 140 亿秒差距。

我们银河系有多少颗恒星？

我们的银河系大约有 4000 亿颗恒星。

宇宙中的恒星比地球上的沙粒还要多吗？

夏威夷的研究人员计算出了世界上所有沙滩的面积和深度，以及一粒沙子的体积。然后，他们最终算出地球上有大约 7500×10^{15} 粒沙子。如此看来，恒星的数量是沙粒数量的 2500 多倍。

宇宙中有多少个星系？

宇宙中可能有 1000 亿到 1 万亿个星系。假设这些星系的大小都和银河系差不多，那么根据银河系的情况推断，每个星系大约有 4000 亿颗恒星，宇宙中的恒星数量至少为 4000 亿 ×1000 亿颗，既 4×10^{22} 颗恒星。

宇宙的构成是什么？

我们对宇宙的大部分都是不了解的。把我们所知道的关于宇宙的所有信息加起来，我们也只能诠释宇宙全貌的 1/20。宇宙还有近 95% 是我们未知的。

暗能量是什么？

宇宙未知部分有 99% 是由暗能量（占 68%）和暗物质（占 27%）构成的。没有人真正知道它们是什么。暗物质可能是大量的褐矮星或不发光的高密度物质块。又或者，它是一种我们从未见过的物质。

暗能量能做些什么？

真空空间也充满了暗能量。我们尚且不知它的来源，它把物质和物质彼此推得越来越远，使宇宙从内部变得更大。但没有人认识它，也没有人准确地知道它到底是如何运作的。

我们如何联系外星人？

有一个“搜索地外文明”（SETI）的计划，通过射电望远镜寻找外星人存在的证据。但它只能发现高级到足以发出无线电信号的外星人。无线电信号是我们发现有智慧的外星人的最大希望，因为我们看不到遥远星球上的情况。

为什么我们收不到外星人的消息？

对此，天文学家有如下几个猜想：我们可能太超前了，也许人类是第一个发展无线电和太空旅行的文明；也许外星人想等我们的文明更先进一点再跟我们联系；也许我们找的时间还不够长，还不足以找到外星人；或者，也许是我们太落后了——其他文明来了又走了，而我们仍一无所知。

外星人会不会故意避开我们？

也许会吧！他们可能觉得与地球打交道是危险的，所以他们保持沉默或躲藏了起来。